W0467778

Kosmos Basics

Welche Spinne ist das?

Martin Baehr/Heiko Bellmann

KOSMOS

Einführung

Viele Menschen, selbst naturbegeisterte, stehen Spinnen mit entschiedener Abneigung gegenüber. Möglicherweise spielt ihr Gift eine Rolle, oder ihre Bewegungsweise, oder der Beutefang mithilfe eines Netzes, oder die Tatsache, dass bei einigen Arten die Weibchen nach der Paarung die Männchen auffressen. Diese Abneigung ist aber ganz unangebracht, meistens wohl anerzogen und eigentlich nicht begründbar, zumal es bei uns keine wirklich gefährlichen Giftspinnen gibt. Ganz im Gegenteil, unter den uns umgebenden Kleintieren gehören Spinnen zu den biologisch interessantesten und im Übrigen auch nützlichsten.

Der Aufbau des Buches

Dieses Buch kann zwar nur einen Teil der über 1000 in Mitteleuropa heimischen Spinnenarten behandeln, es möchte jedoch Vorurteile abbauen, die Schönheit der Spinnen aufzeigen und das Interesse der Leser an ihren hochinteressanten Lebensweisen wecken. Das Buch ist farblich nach den Lebensräumen der verschiedenen Spinnenarten gegliedert, in denen sie überwiegend vorkommen. Die einzelnen Porträts sind wiederum in die Rubriken Merkmale, Vorkommen und Wissenswertes unterteilt.

Porträt der Springspinne *Marpissa pomatia*

Das farbenprächtige Männchen von *Euophrys petrensis*

Was macht Spinnen so besonders?

Spinnen gehören wie die Insekten zu den Gliedertieren, unterscheiden sich aber von den Insekten auf den ersten Blick durch ihre acht Beine und die sechs oder acht Einzelaugen. Der Körper ist zweigeteilt, am Vorderkörper (Prosoma) sitzen die Laufbeine sowie die Taster (Pedipalpen) und die Giftklauen (Cheliceren). Der Hinterkörper enthält die inneren Organe sowie die Spinndrüsen und Spinnwarzen.

Die Systematik der Spinnen

Die grundsätzliche Einteilung der Spinnen richtet sich nach der Ausrichtung der Cheliceren: bei den orthognathen Spinnen, zu denen die Vogelspinnen, aber auch drei Arten bei uns gehören, sind die Cheliceren nach vorn gerichtet und ihre Giftklauen arbeiten parallel zueinander; bei den labidognathen Spinnen dagegen sind die Cheliceren gegeneinander gerichtet, sodass sie Beutetiere »in die Zange« nehmen können. Zu den Letzteren gehört die überwiegende Mehrzahl der Arten.

Geschickte Jäger

Viele, aber nicht alle Spinnen fangen ihre Nahrung in Netzen, obgleich alle Spinndrüsen besitzen. Zahlreiche Arten streifen entweder aktiv auf dem Boden oder in der Vegetation herum oder sie sind perfekt getarnte Lauerjäger, die ihre Beutetiere entweder optisch erkennen oder, wenn sie nachts unterwegs sind, mithilfe

Eine Radnetzspinne sitzt im Zentrum ihres Netzes.

ihres Tastsinns jagen. Tagaktive Jäger besitzen daher meist ein stark vergrößertes Augenpaar, das ihnen zuweilen sogar räumliches Sehen ermöglicht. Die Netze der netzbauenden Spinnen sind äußerst verschiedenartig gestaltet. Neben ganz unterschiedlich geformten Radnetzen gibt es Hauben- oder Deckennetze, röhrenförmige Wohngespinste mit einer Netzdecke oder Stolperfäden davor. Manche Arten werfen sogar Fangfäden oder Netze über ihre Beute und fesseln sie so. Insgesamt sind der Bau eines Netzes und die Fähigkeit, Spinnfäden zu produzieren, elegante Methoden, um einerseits einen größeren Umkreis zu bejagen, aber auch um wehrhafte Tiere ungefährdet zu erbeuten.
Die meisten Spinnen belegen ihre Netze mit Klebetröpfchen, an denen Beutetiere festkleben. Einige Arten jedoch geben aus einer vielporigen Spinnplatte, dem Cribellum, sehr dünne, stark kräuselnde, nicht klebende Fäden ab, die mit einem Kamm am Hinterbein, dem Calamistrum, auf das Netz aufgebürstet werden. So werden heftig strampelnde Beutetiere in einem Dickicht von Kräuselfäden gefesselt.
Bei fast allen Arten stehen die Cheliceren mit Giftdrüsen im Prosoma in Verbindung, sie dienen dazu, das Beutetier zu töten. Dieses wird danach durch Verdauungsenzyme aufgelöst, sodass es anschließend ausgesaugt werden kann – denn Spinnen können nicht kauen.

Gemäß ihrer Größe bilden Insekten aller Art die Hauptbeute unserer einheimischen Spinnen. Es ist fast unglaublich, welche Mengen an Insekten, darunter etliche Schädlinge, jährlich von Spinnen verzehrt werden. Infolge ihres Giftes, aber auch der vielgestaltigen Netze, können viele Spinnen sehr wehrhafte und erstaunlich große Insekten erbeuten. Die Giftigkeit steht daher mit der Art der bevorzugten Beutetiere in engem Zusammenhang, doch sei wiederholt: In Mitteleuropa braucht man sich vor Spinnen nicht zu fürchten!

Fortpflanzung

Die Fortpflanzung der Spinnen geschieht auf indirektem Weg, indem das Männchen sein Sperma mit dem stark verdickten und ausgehöhlten Endglied des Pedipalpus aufnimmt und dieses in die weibliche Geschlechtsöffnung, die Epigyne, einführt. Da Spinnen Räuber und die Weibchen meist größer als die Männchen sind, geschieht die Annäherung meist unter ritualisierten Beschwichtigungsgesten des Männchens. Das wird übrigens nur bei wenigen Arten nach der Paarung vom Weibchen gefressen. Die Eier werden in einem versponnenen Kokon abgelegt, der entweder aufgehängt oder bei manchen Arten auch vom Weibchen getragen wird. Die Entwicklung ist direkt, das heißt, die Jungspinnen gleichen sofort den Erwachsenen.

Viele Spinnen sind gefährdet

Zahlreiche Spinnen, besonders die Arten der Wärmegebiete, Trockenrasen und Heiden, sind heutzutage in ihrem Bestand gefährdet, weil ihre Lebensräume durch menschliche Einwirkung zerstört oder stark beeinträchtigt sind. Es wäre zu wünschen, dass nicht nur die Arten geschützt werden, sondern in stärkerem Maß auch ihre Lebensräume, damit uns und unseren Nachkommen ein faszinierender und vielgestaltiger Teil unserer belebten Umwelt erhalten bleibt.

Bestimmungsteil

Kellerspinne

Amaurobius ferox

> groß und kurzbeinig
> Nachttier
> in Kellern

Merkmale Eine große, untersetzte, ziemlich kurzbeinige Spinne; bis zu 15 mm lang; schwarz, mit undeutlicher, etwas hellerer Zeichnung auf dem Hinterkörper.
Vorkommen Vor allem in Kellern und anderen dunklen Orten, in wärmeren Gegenden auch im Freiland, zum Beispiel an Weinbergsmauern.
Wissenswertes Einige wenige, zwar miteinander nah verwandte, aber zum Teil recht unterschiedlich gestaltete Spinnenfamilien werden als »Kräuselspinnen« zusammengefasst. Die Kellerspinne ist eine Kräuselnetzspinne, die keine Klebetröpfchen, sondern stark gekräuselte Spinnwolle für ihr Netz benutzt. Die Spinnwolle wird von einer Siebplatte am Hinterleib, dem Cribellum, ausgeschieden und mit einem Borstenkamm an den Hinterbeinen, dem Calamistrum, auf das Netz gekämmt. Die Beutetiere kleben nicht im Netz fest, sondern verfangen sich darin. Das trichterförmige Netz wird meist am Boden in Ecken, Nischen und hinter Gerümpel angelegt und die Spinne fängt damit allerlei Ungeziefer, das sich in Kellern und Schuppen aufhält, vor allem Kellerasseln.

Kräuselradnetzspinne

Uloborus plumipes

> buckliger Hinterleib
> Kräuselradnetz
> in Gewächshäusern

Merkmale Eine kleine, 4–6 mm lange, bizarr gestaltete Radnetzspinne mit sehr flachem Vorderkörper und hohem, dreieckigem, etwas buckligem Hinterleib und mit sehr langen Vorderbeinen, deren Schienen ein auffälliges Haarbüschel tragen. Die Färbung ist sehr verschiedenartig.
Vorkommen Die Spinne stammt ursprünglich aus den Tropen, ist aber heutzutage bei uns in Gewächshäusern und Gartenmärkten weit verbreitet.
Wissenswertes Diese kleine Spinne ist eine Einwanderin aus den Tropen. Sie erschien zuerst im Mittelmeergebiet, dann vor knapp 20 Jahren auch erstmals in Deutschland. Inzwischen ist sie bei uns weit verbreitet. Sie ist gleichfalls eine Kräuselnetzspinne, die aber ein Radnetz spinnt, das mit Kräuselwolle belegt ist. Das horizontale Netz wird zwischen größeren Pflanzen, etwa Kakteen und andere Sukkulenten, ausgespannt und kann fast 30 cm im Durchmesser erreichen. In Gewächshäusern kann man erwachsene Tiere ganzjährig antreffen.

Speispinne
Scytodes thoracica

› Nachttier
› in Häusern
› sie »speit« Klebfäden

Merkmale Eine kleine, 4–6 mm lange, sehr langbeinige, gelbliche oder hellbraune Spinne mit zahlreichen dunklen Flecken auf Körper und Beinen und einer charakteristischen schleifenförmigen Zeichnung am schräg nach hinten ansteigenden Vorderkörper, der bei dieser Spinne etwa so groß wie der Hinterleib ist.
Vorkommen Bei uns fast ausschließlich in (älteren) Häusern, im Mittelmeergebiet auch im Freiland.
Wissenswertes Der Name dieser kleinen Spinne bezieht sich auf ihre eigenartige Weise des Beutefanges. Die nachtaktive Spinne schleicht geradezu bei der Nahrungssuche an Wänden entlang. Hat sie ein Beutetier entdeckt, bleibt sie stehen, hebt den Vorderkörper an und »speit« dann aus ihren Chelicerenklauen klebrige Spinnfäden zickzackartig über ihr Opfer, das dadurch an den Boden gefesselt wird. Danach wird das wehrlose Opfer durch den Giftbiss getötet und ausgesaugt. Wie viele nachtaktive Spinnen ist sie bei Orientierung und Beutefang auf ihren Tastsinn angewiesen. Die langen, beweglichen Haare an den Beinen können selbst noch kleinste Luftbewegungen wahrnehmen.

Große Zitterspinne
Pholcus phalangoides

› sehr lange Beine
› hängt kopfüber im Netz
› in Häusern

Merkmale Mit 7–10 cm Länge die größte unserer Zitterspinnen. Sie besitzt extrem lange Beine. Der Körper ist blassbraun mit undeutlichen dunklen Flecken.
Vorkommen Bei uns fast ausschließlich in trockenen Kellern und Häusern, selbst in modernen Betonbauten. Im Mittelmeergebiet auch in Höhlen.
Wissenswertes Der Name dieser überall häufigen Spinne bezieht sich auf ihr Verhalten, das sie bei Belästigung zeigt: Dann zittert sie sehr schnell in ihrem Netz. Zitterspinnen legen ihre unregelmäßigen Netze häufig an der Decke in Ecken an, gern dicht beieinander, und sie vertragen sich offenbar gut. Sie überwältigen selbst große, wehrhafte Tiere, sogar andere Spinnen, indem sie diese von hinten mit Klebfäden fesseln und dann, manchmal gemeinschaftlich, aussaugen. Sie sind oft die einzigen Spinnen in Häusern, und ihre überall herumhängenden langen Spinnfäden können zur Plage der Hausfrau werden.

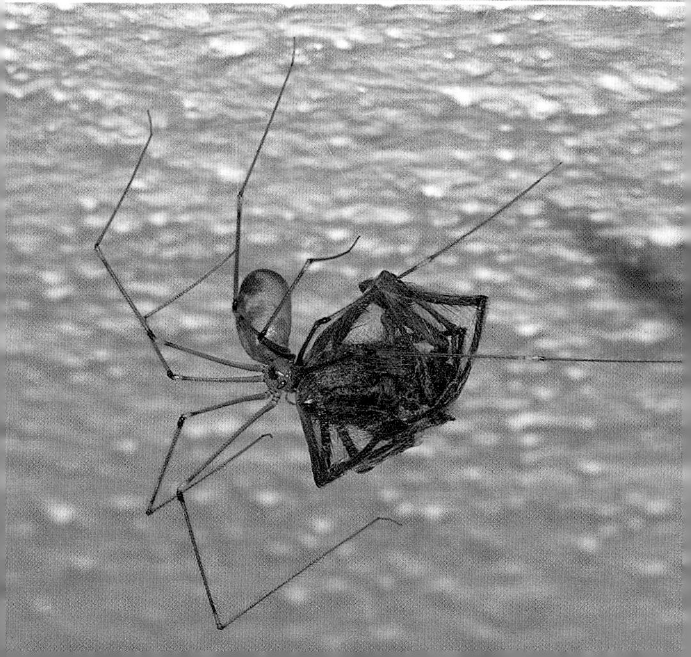

Fettspinne

Steatoda bipunctata

> fettig glänzender Hinterleib
> herabhängende Fangfäden
> in Häusern

Merkmale Eine etwa 4–7 mm lange, auffallend fettglänzende Kugelspinne. Färbung mehr oder weniger dunkel bräunlich, Hinterkörper mit einer undeutlichen, helleren Zeichnung.
Vorkommen Vor allem in Gebäuden, selbst in sehr trockenen, stark beheizten Räumen. Außerdem im Freiland an Felsen und an Baumrinde.
Wissenswertes Offensichtlich bildet die wachsartige Oberfläche ihres Hinterleibs einen guter Schutz gegen Austrocknung, denn die Fettspinne kann sehr lange ohne Nahrung und Wasser aushalten, und dies sogar in sehr trockenen Räumen. Ihr weitmaschiges Netz wird in Ecken und Nischen angelegt und ist oben mit Spannfäden befestigt, während nach unten Fangfäden herabhängen, die am Ende mit Klebetröpfchen besetzt sind. Die Männchen besitzen ein Stridulationsorgan aus parallelen Rillen am Vorderkörper, über die eine Kante am Hinterleib bewegt wird. Es dient der Erzeugung von Lauten, die möglicherweise bei der Paarfindung und der Paarung eine Rolle spielen.

Höhlenspinne

Nesticus cellulanus

> lange, gebänderte Beine
> weitmaschiger Netzteppich
> in feuchten Kellern

Merkmale Kleine, kugelige Spinne von etwa 5 mm Länge mit sehr langen, auffallend gebänderten Beinen. Färbung gelblich bis hellbraun, Hinterkörper gefleckt, Vorderkörper mit auffälligem, zweimal eingeschnürtem dunklen Mittelband.
Vorkommen An feuchten, dunklen Orten, in feuchten Kellern, aber auch in Höhlen und Bergwerksstollen. Weit verbreitet, aber nicht häufig.
Wissenswertes Diese kleine Spinne ist mit den Kugelspinnen verwandt und baut wie diese ein unregelmäßiges, weitmaschiges Netz, häufig geradezu einen Netzteppich, von dem die mit Klebetröpfchen besetzten Fangfäden herabhängen. Auch die Spinne hängt kopfüber in ihrem Netz. Die an den Klebetröpfchen hängende Beute wird von der Spinne nach oben gezogen. Gefangen werden vor allem verschiedene kleine Fluginsekten, etwa Pilzmücken, die ebenfalls an derartigen feuchten Orten leben.

Höhlenbaldachinspinne

Porhomma convexum

> gelber Hinterleib
> Baldachinnetz
> in feuchten Kellern

Merkmale Eine sehr kleine, kaum 3 mm lange, Baldachinspinne. Vorderkörper braun, Hinterkörper einfarbig hellgrau. Beine ziemlich lang. Augen vollständig entwickelt.
Vorkommen An dunklen, feuchten Orten, in feuchten Kellern, Stollen, zwischen Felsen im Gebirge, am häufigsten aber in Höhlen.
Wissenswertes Dies ist eine Art aus einer artenreichen Gattung kleiner Baldachinspinnen, an denen sich der Übergang zum Leben in Höhlen und die Anpassungen an diesen Lebensraum sehr gut studieren lassen. Die gezeigte Art steht noch am Anfang dieser Reihe und kommt auch noch im Freiland vor, andere Arten leben ausschließlich in Höhlen und sind daher noch heller gefärbt, besitzen noch längere Beine und haben die Augen fast oder sogar gänzlich reduziert. Die Spinne fängt in ihrem Baldachinnetz, das an Felsnischen, Mauerritzen oder in Ecken angelegt wird, kleinste Insekten, wie Springschwänze und winzige Mücken. Die Anwesenheit von Beutetieren im Netz erkennt die Spinne mithilfe der langen Beine, die auch das kleinste Zappeln registrieren.

Baldachinspinne

Leptyphantes nebulosus

> dunkel gefleckter Hinterleib
> Baldachinnetz
> in Kellern und Schuppen

Merkmale Eine zwar kleine, bis zu 4 mm lange, Baldachinspinne, aber dennoch eine der größten Arten ihrer artenreichen Gattung. Vorderkörper mit dunklem Seitenrand und dunkler, unregelmäßiger Längsbinde, Hinterkörper mit zahlreichen, bogenförmigen Flecken.
Vorkommen Vor allem in Gebäuden, bevorzugt in etwas feuchten Räumen wie Schuppen, Kellern oder Waschküchen, aber auch in Höhlen und Bergwerksstollen.
Wissenswertes Die größte Art aus einer sehr artenreichen Gattung, deren Unterscheidung für den Laien kaum möglich ist. Wie ihr Name sagt, bauen Baldachinspinnen ein dichtes, wie ein »Baldachin« aussehendes, horizontales Netz, an dessen Unterseite sie kopfüber hängen. Im Unterschied zu den Kugelspinnen besitzt das Netz keine Fangfäden, zuweilen aber nach unten gerichtete, am Boden befestigte »Stolperfäden«, die der Spinne die Anwesenheit eines Beutetieres verraten.

Höhlenkreuzspinne

Meta menardi

> langbeinig
> kleines Radnetz
> in Höhlen und Kellern

Merkmale Eine sehr große, langbeinige Radnetzspinne; Weibchen bis zu 17 mm lang. Färbung rotbraun mit zahlreichen dunklen Flecken.
Vorkommen In Höhlen, aber auch in feuchten Kellern.
Wissenswertes Diese große Spinne hat ein relativ kleines Netz von kaum mehr als 30 cm Durchmesser und mit sehr wenigen Radien. Im Sommer hält sie sich vorzugsweise im Höhleneingang auf und zieht sich im Winter tiefer in die Höhle zurück. In Gegensatz zu anderen Radnetzspinnen findet man erwachsene Tiere fast ganzjährig.

Sektorspinne

Zygiella x-notata

> silbrige Blattzeichnung
> unvollständiges Netz
> an Gebäuden

Merkmale Eine mittelgroße Radnetzspinne; Weibchen bis etwa 10 mm lang. Vorderkörper gelblich mit schwarzem Längsband, Hinterkörper mit silbriger Blattzeichnung.
Vorkommen Vor allem außen an Gebäuden, auch an Zäunen.
Wissenswertes Das Netz wird gern in Nischen, unter Balkonen oder an Zäunen angelegt. Es ist unvollständig, denn beiderseits des Signalfadens, der zum verborgenen Schlupfwinkel der Spinne in einem Spalt zieht, ist ein Sektor ausgespart, daher der Name »Sektorspinne«. Nur bei ungünstiger Lage des Verstecks wird ein vollständiges Netz angelegt.

Spaltenkreuzspinne

Nuctenea umbratica

> asymmetrisches Netz
> nachtaktiv
> an Gebäuden

Merkmale Eine große, oberseits abgeflachte Radnetzspinne; Weibchen bis über 15 mm lang. Färbung rotbraun bis schwärzlich, Hinterleib mit einer hell eingefassten Blattzeichnung.
Vorkommen An Gebäuden, Zäunen, abgestorbenen Bäumen, bevorzugt in Spalten.
Wissenswertes Das Netz ist sehr groß, bis über 70 cm im Durchmesser, und immer asymmetrisch, denn die Nabe ist dem Schlupfwinkel der Spinne genähert. Die Spinne kommt nur nachts aus ihrer Spalte oder Nische heraus und sitzt dann in der Netzmitte.

Hausspinne

Tegenaria atrica

> groß und langbeinig
> Trichternetz
> in Kellern

Merkmale Eine sehr große, auffallend langbeinige Trichterspinne; Männchen bis zu 15 mm, Weibchen bis 18 mm lang. Färbung hellbraun mit zahlreichen dunklen Flecken auf dem Hinterleib; Vorderkörper mit zwei unregelmäßigen Längsbinden und hellem Rand.
Vorkommen Vor allem in Häusern, Kellern, aber auch im Freiland in Höhlen und unter Steinen.
Wissenswertes Das unordentliche Trichternetz wird in Ecken, Fensternischen und zwischen Gerümpel angelegt. Tagsüber lauert die Spinne in der Röhre am Ende des Netzes, nachts kommt sie aber häufig heraus. Ist zu wenig Nahrung verfügbar, wandern die Spinnen nachts herum und verirren sich dann gelegentlich in glattrandige Waschbecken oder Badewannen, aus denen sie nicht entkommen können. Auch die langbeinigen Männchen wandern auf der Suche nach Weibchen im Haus herum. Trotz ihrer Größe ist die Hausspinne harmlos, ja sogar nützlich, denn sie vertilgt allerhand lästige Mitbewohner, wie Silberfischchen, Asseln und schädliche Käfer.

Zebraspringspinne

Salticus scenicus

> schwarz-weiße Zeichnung
> riesige Mittelaugen
> an sonnigen Hauswänden

Merkmale Bis zu 7 mm lange, auffällig gefärbte Springspinne mit quer gestreiftem Hinterleib und weißen Flecken am Vorderkörper und an den Beinen.
Vorkommen An und in Häusern, an Zäunen, seltener an Bäumen. Überall häufig und besonders gern an besonnten Stellen.
Wissenswertes Wie alle Springspinnen ist die Zebraspinne ein tagaktiver Jäger, den man häufig an besonnten Hauswänden und auf Terrassen beobachten kann. Die riesigen vorderen Mittelaugen ermöglichen ihr räumliches Sehen und das Abschätzen von Entfernungen. Daher pirscht sie sich bis auf etwa 1 cm an die Beute heran und packt sie dann mit einem gewaltigen Satz. Springspinnen legen keine Netze an, beim Sprung befestigen sie jedoch einen Sicherheitsfaden am Untergrund, der sie bei einem Fehlversuch vor dem Absturz bewahrt. Die Männchen sind leicht bei der Balz oder bei ihren Kommentkämpfen zu beobachten.

Hausspringspinne
Euophrys lanigera

> heller Mittelstreifen
> weiß behaarte Taster
> häufig in Räumen

Merkmale Eine kleine, bis zu 5 mm lange Springspinne mit oberseits hellem Vorderkörper und einem breiten hellen Mittelband auf dem Hinterleib. Diese Färbung ist beim Männchen ausgeprägter als beim dunkleren Weibchen. Die Taster sind auffallend weiß behaart.
Vorkommen An und in Häusern. Überall häufig und mehr als andere Springspinnen auch in trockenen, modernen Gebäuden; gern an Zimmerwänden und Decken.
Wissenswertes Diese inzwischen in Süddeutschland häufige und weit verbreitete kleine Springspinne kommt ursprünglich aus Südwesteuropa und ist erst vor etwa 50 Jahren bei uns eingewandert. Vielleicht ist ihre Herkunft dafür verantwortlich, dass sie mit dem warmen, trockenen Raumklima neuer Häuser besser zurechtkommt als viele andere Spinnen. Erwachsene Tiere kann man in Häusern sogar mitten im Winter beobachten, im Sommer sieht man sie häufiger an Außenwänden. Ein sehr nützliches Tier, das eine Reihe unangenehmer Mitbewohner unserer Häuser jagt.

Ameisenähnliche Springspinne
Synageles venator

> ameisenähnliche Körperform
> ameisenartige Körperhaltung
> an Hauswänden

Merkmale Eine kleine, kaum 4 mm Länge erreichende, lang gestreckte, auffallend ameisenähnliche Springspinne mit einer weißen Querbinde auf dem Vorderköper am Ende des Augenfeldes und zwei weißen Binden auf dem Hinterleib.
Vorkommen An Hauswänden, aber auch an Zaunpfählen, weit verbreitet und recht häufig. Auch an mäßig feuchten, etwas beschatteten Orten.
Wissenswertes Wahrscheinlich wird diese kleine Spinne wegen ihrer Ameisenähnlichkeit für seltener gehalten, als sie es tatsächlich ist. Die Ähnlichkeit mit einer Ameise ist nicht auf Körperform und Färbung beschränkt, sondern die Spinne verhält sich auch wie eine Ameise; sie bewegt sich sehr flink und hebt beim Laufen das zweite Beinpaar wie Fühler an. Diese »Mimikry« scheint ein sehr wirksamer Schutz vor Fressfeinden zu sein, denn Versuche mit Meisen ergaben, dass diese nicht zwischen wehrhaften Ameisen und den Springspinnen unterscheiden können.

Kräuselspinne
Nigma walckenaeri

> grüne Färbung
> Kräuselfäden
> auf Blättern

Merkmale Mit bis zu 5 mm Länge die größte einheimische Kräuselspinne. Der Hinterleib ist leuchtend grün mit gelben Flecken, daher mit keiner anderen Kräuselspinne verwechselbar. Bei den Männchen ist die Kopfregion etwas erhöht.
Vorkommen In Gärten, vor allem auf großblättrigen Pflanzen, aber auch an bewachsenen Hauswänden. In wärmeren Gegenden auch an Waldrändern.
Wissenswertes Die Spinne stammt ursprünglich aus Südeuropa, ist aber bei uns an und in Häusern und in Gärten weit verbreitet, doch im grünen Laub wegen ihrer Färbung nur schwer zu erkennen. Ihr zeltähnliches Netz spinnt sie auf der Oberfläche von Blättern. Davon gehen Fangfäden in Richtung der Blattspitze aus, in deren Kräuselwolle sich auch Insekten verfangen, die weit größer als die Spinnen sind, etwa größere Fliegen, die sich auf die Blätter setzen. Je mehr die Beutetiere zappeln, umso stärker verheddern sie sich in den Kräuselfäden. Erstaunlicherweise hindern bereits wenige Kräuselfäden an den Füßen selbst größere Insekten an der Flucht.

Kugelspinne
Enoplognatha ovata

> kugeliger, gelber Hinterleib
> Haubennetz
> in Gärten

Merkmale Diese recht langbeinige, auffällig gefärbte Kugelspinne wird bis etwa 7 mm lang. Der Vorderkörper ist grünlich bis rötlich, der kugelförmige Hinterleib ist hellgelb und mit paarigen schwarzen Punkten besetzt und trägt häufig zwei hellrote Streifen. Das Männchen besitzt sehr lange, schräg gespreizte Cheliceren.
Vorkommen Überall in Gärten und an Waldrändern sehr häufig. Eine der häufigsten Kugelspinnen in unserem Gebiet.
Wissenswertes Diese Spinne legt ihr Netz an Spitzen von Zweigen oder höheren krautigen Pflanzen an. Es ist ein kuppelartiges Haubennetz mit einem aus zusammengesponnenen Blättern bestehenden Schlupfwinkel an der Oberseite. Diese verhältnismäßig kleine Spinne ist imstande, große und wehrhafte Beute zu fangen, etwa Wespen und Bienen. Anscheinend besitzt sie wie viele andere Kugelspinnen auch ein recht wirksames Gift. Auch die hochgiftige Schwarze Witwe gehört zu den Kugelspinnen.

Kugelspinne
Episinus angulatus

> rhombenförmiger Hinterleib
> einfaches Netz
> in Gärten auf Sträuchern

Merkmale Eine bis zu 5,5 mm große, lang gestreckte und langbeinige Kugelspinne mit auffallend langem Hinterleib, mit dunkler Oberseite und auffällig geringelten Beinen.
Vorkommen In Gärten und an Waldrändern. Nicht selten, aber schwer zu finden.
Wissenswertes Diese Spinne weicht mit ihrem rhombischen Hinterleib merklich vom Habitus der Kugelspinnen ab. Sie sitzt gern mit nach vorn und hinten gerichteten Beinen auf einem Blatt und baut ein sehr einfaches, nur aus wenigen Fäden bestehendes Netz zwischen niedrigen Zweigen und dem Boden.

Baldachinspinne
Linyphia triangularis

> gezacktes Längsband
> Männchen mit langen Cheliceren
> Netz mit Stolperfäden

Merkmale Eine langbeinige, bis zu 7 mm lange Baldachinspinne mit gezackter Längsbinde auf dem weißlichen Hinterleib. Männchen mit langen Cheliceren.
Vorkommen In Gärten, an Wegrändern und an Waldrändern. Überall sehr häufig.
Wissenswertes Die im Spätsommer überall auffälligen – vor allem, wenn sie betaut sind – Netze bestehen aus einem dichten Netzteppich in niedriger Vegetation, der oberseits zahlreiche Stolperfäden trägt. Insekten, die dort hineingeraten, fallen auf das Netz und werden von unten durch das Netz gebissen.

Baldachinspinne
Neriene montana

> unscheinbare Färbung
> Versteck in Spalten
> Frühlingsart

Merkmale Mit bis zu 8 mm Länge ist dies eine der größten Baldachinspinnen, relativ unscheinbar und dunkel gefärbt, Hinterleib mit undeutlicher Blattzeichnung.
Vorkommen In Gärten, im Gebüsch und an Waldrändern. Überall häufig.
Wissenswertes Das Baldachinnetz wird immer entweder an Spalten angrenzend oder in dichtem Laub angelegt. Dort hat die Spinne ihr Versteck, das sie im Gegensatz zu anderen Baldachinspinnen nur verlässt, wenn ein Beutetier ins Netz gegangen ist. Erwachsene Spinnen sind bereits im späten Frühjahr zu sehen.

Gartenkreuzspinne

Araneus diadematus

> ovaler Hinterleib
> Kreuzzeichnung
> regelmäßiges Radnetz

Merkmale Eine große Kreuzspinne, Weibchen bis zu 17 mm lang. Der Hinterleib ist länglich oval und trägt das charakteristische weißliche, aus einzelnen Punkten und Streifen bestehende Kreuz auf einer länglichen, seitlich gewellten, dunklen Blattzeichnung.

Vorkommen Bevorzugt in nicht zu offenen, etwas schattigen Gärten, an Waldrändern und auf Wiesen mit höherer Vegetation. Bei uns überall häufig. Erwachsene Tiere im Spätsommer bis in den Herbst.

Wissenswertes Die Gartenkreuzspinne befestigt ihr großes Netz meist nicht sehr hoch über dem Boden an niedrigen Zweigen von Bäumen und Sträuchern. Das Netz (unten) ist sehr regelmäßig und besteht aus zahlreichen Radien. Im Unterschied zu vielen anderen Kreuzspinnen sitzt die Spinne auch tagsüber in der Netzmitte. Das Netz wird meist jeden Morgen vor Sonnenaufgang neu gebaut. Der Netzbau dieser Art wurde sehr genau untersucht. Zunächst wird meist ein Brückenfaden gespannt, an dem sich die Spinne herablässt, eine Hilfsspirale, die später wieder zerstört wird, und ein Spiralfaden, in den später die Sektorenfäden, die »Speichen« des Radnetzes, eingearbeitet werden. Die Fäden der dicht gewebten Fangspirale sind mit Klebetröpfchen besetzt, die auch größere Insekten, Bienen, Käfer und Schmetterlinge festzuhalten vermögen. Gerät ein Beutetier ins Netz, wird es von der Spinne unter ständigem Drehen eingesponnen, wobei die Fangfäden teilweise zerbissen werden. Die Beute wird erst verzehrt, wenn sie sich gar nicht mehr wehren kann. Danach muss natürlich das Netz wieder repariert werden. Bei dieser häufigen Art wurden auch das Paarungsvorspiel und die Paarung genau untersucht. Im Spätsommer suchen die Männchen paarungsreife Weibchen und spinnen zuerst einen Werbefaden, an dem sie so lange zupfen, bis das Weibchen die Nabe seines Netzes verlässt und zum Werbefaden kommt. Dann wendet es dem Männchen den Bauch zu. Dieses versucht daraufhin, auf den Bauch des Weibchens zu gelangen und dabei seinen Taster mit dem Sperma in der Geschlechtsöffnung des Weibchens zu verankern. Dann springt es auf den Bauch des Weibchens und die eigentliche Paarung kann beginnen. Die Eier werden in umsponnenen Kokons abgelegt, und die Jungspinnen überwintern und schlüpfen erst im folgenden Jahr.

Kürbisspinne
Araniella cucurbitina

> gelbgrüner Hinterleib
> kleines, horizontales Netz
> Gärten und Waldränder

Merkmale Eine recht kleine Radnetzspinne, Männchen nur bis 5 mm, Weibchen bis zu 9 mm lang. Der ovale Hinterleib ist gelbgrün oder hellgrün, mehr oder weniger einfarbig, und trägt hinten jederseits meist vier schwarze Punkte, der Vorderkörper ist hellbraun. Die Unterseite ist grünlich, in der Nähe der Spinnwarzen aber leuchtend rot gefärbt.
Vorkommen An Waldrändern und auf Waldwegen, aber auch in Gärten und auf buschreichen Wiesen. Erwachsene Spinnen im Frühsommer. Bei uns eine der häufigsten Radnetzspinnen.
Wissenswertes Das ziemlich kleine Radnetz wird in der Regel horizontal in mittlerer Höhe im Gebüsch über der Oberseite großer, gebogener Blätter ausgespannt. Die Spinne sitzt mit dem Bauch nach oben unter dem Netz in der Nabe und wartet dort auf Insekten, die solche großen, besonnten Blätter als Landeplatz benutzen. Mit ihrer gleichfalls grünlichen Unterseite ist sie hervorragend getarnt. Landet ein Insekt, etwa eine Fliege, auf dem Blatt und gerät ins Netz, spinnt die Kürbisspinne sie von unten her ein.

Wolfsspinne
Pardosa lugubris

> heller Scheitelstreif
> Bodentier
> Feldwege, trockene Stellen

Merkmale Eine recht gut kenntliche, mittelgroße Wolfsspinne, die etwa 7 mm lang wird. Der Vorderkörper ist seitlich dunkel und trägt in der Mitte eine auffällige gelbe Binde. Der hellbraune Hinterkörper ist undeutlich gefleckt, die Beine sind deutlich geringelt.
Vorkommen An trockenen Stellen, auf Wegen, trockenen Wiesen, an Waldrändern, vielfach auch in Gärten. Bei uns eine der häufigsten und am weitesten verbreiteten Wolfsspinnen.
Wissenswertes Wie fast alle Wolfsspinnen baut sie kein Netz, sondern jagt am Boden umherstreifend. Sie kommt meistens in großer Anzahl vor und an sonnigen Tagen können Wege oder der Waldboden von diesen Spinnen geradezu wimmeln. Man kann sich dann vorstellen, welche Mengen an Insekten diese Spinnen vertilgen. Im Spätfrühjahr tragen die Weibchen ihren großen, weißen Eikokon mit sich herum und nach dem Schlüpfen versammeln sich die Jungspinnen auf dem Hinterleib der Mutter.

Wolfsspinne
Trochosa ruricola

> große Spinne
> Nachttier
> Gärten und Lichtungen

Merkmale Mit bis zu 14 mm Länge des Weibchens ist dies eine recht große Wolfsspinne. Die Oberseite ist düster rotbraun, der Vorderkörper trägt eine Mittelbinde, die zwei kleine dunkle Flecken einschließt.
Vorkommen An mäßig trockenen, etwas beschatteten Stellen, in Gärten, Lichtungen und an Waldrändern. Überall sehr häufig und zahlreich.
Wissenswertes Anders als viele der sonnenhungrigen Wolfsspinnen offenbar eher ein Nachttier, das sich tagsüber unter Steinen verbirgt und erst nachts auf der Jagd herumstreift.

Flachstrecker
Philodromus aureolus

> Beine zur Seite gerichtet
> Männchen grünmetallisch
> auf Blättern

Merkmale Leicht erkennbar an den langen, seitwärts gerichteten Beinen. Männchen bis zu 5 mm, Weibchen bis zu 7 mm lang. Die Geschlechter sind recht verschiedenartig gefärbt: das Männchen mit grünmetallischem Schimmer, das Weibchen rotbraun und mit hellen Mittelflecken.
Vorkommen In Wäldern und Gebüschen, auch in Gärten überall häufig.
Wissenswertes Die Spinnen sitzen meist auf Blättern von Bäumen und Büschen und sind äußerst rasch. Sie legen kein Netz an, sondern jagen ihre Beute in schnellem Lauf oder springen sie geradezu an.

Krabbenspinne
Xysticus lanio

> Beine seitlich angeordnet
> Hinterleib rötlich
> auf Blättern und Blüten

Merkmale Eine bis etwa 7 mm große Krabbenspinne. Der Vorderkörper ist braun mit hellerer Mittelbinde, der Hinterleib ist an den Seiten rötlich, mit einem undeutlichen, blattartigen Fleck in der Mitte.
Vorkommen In lichten Wäldern und Gebüschen, auch in Gärten häufig.
Wissenswertes Die Krabbenspinnen lauern gut getarnt auf Blättern oder Blüten sitzend auf Beute und fangen auch ziemlich große und wehrhafte Käfer, Bienen und Schmetterlinge. Bei der Paarung »fesselt« das Männchen das Weibchen mit einigen Spinnfäden.

Baldachinspinne
Bathyphantes gracilis

- winzige Spinne
- Baldachinnetz
- feuchte Wiesen

Merkmale Eine der zahlreichen, sehr kleinen Baldachinspinnen. Diese Art wird nur etwa 2,5 mm lang, sie ist dunkelbraun mit undeutlicher, leiterförmiger Zeichnung auf dem Hinterleib.
Vorkommen An schattigen, recht feuchten Orten, auf Wiesen, an schattigen Waldrändern, sogar in Höhlen.
Wissenswertes Die Spinne baut ein kleines Baldachinnetz in niedriger Vegetation, unter dem sie auf winzige Insekten, etwa Springschwänze, lauert. Derartige winzige Baldachinspinnen sind bei uns sehr artenreich, aber schwer zu unterscheiden.

Zwergspinne
Dicymbium tibiale

- einfarbig schwarz
- Netz in der Bodenstreu
- trockene Wiesen

Merkmale Diese winzige Zwergspinne wird nur bis zu 2,5 mm lang, sie ist einfarbig schwarzbraun bis schwarz. Beim Männchen sind die Schienen der Vorderbeine auffallend verbreitert.
Vorkommen In lichten Wäldern, auf nicht zu feuchten Wiesen, in Gärten, an Wegrainen. Ziemlich häufig.
Wissenswertes Diese Art errichtet ihr winziges Nest dicht am Boden in der Bodenstreu und jagt dort wohl hauptsächlich Springschwänze. Allerdings ist die Biologie der fast 250 heimischen Zwergspinnen noch kaum erforscht. In der Bodenstreu sind Zwergspinnen sehr häufig und bilden einen wichtigen Faktor in der Nahrungskette.

Zwergspinne
Erigone dentipalpis

- einfarbig schwarz
- Männchen mit erhöhtem Kopf
- im Altweibersommer

Merkmale Auch diese einfarbig schwarze Zwergspinne wird nur bis zu 2,5 mm lang. Beim Männchen ist der Kopf etwas erhöht und es besitzt sehr verlängerte Taster.
Vorkommen An Wald- und Wegrändern, auf Wiesen, in der bodennahen Vegetation. Überall häufig.
Wissenswertes Diese Art gehört zu den Spinnen des »Altweibersommers«. Im Herbst steigen die Tiere an Zaunpfählen oder Pflanzen empor, heben den Hinterkörper an und lassen sich an einem Faden davontreiben. Erwachsene Tiere kann man auch im Winter finden.

Vierfleck-Kreuzspinne
Araneus quadratus

> große Kreuzspinne
> breiter Hinterleib
> Netz in Bodennähe

Merkmale Eine große, massige Kreuzspinne mit kurzem, breitem Hinterleib, deren Weibchen bis zu 18 cm lang werden können. Färbung sehr verschiedenartig (siehe Abbildungen), Zeichnung wie bei der Gartenkreuzspinne.
Vorkommen Auf mäßig feuchten Wiesen, auch an Wegrändern und auf Waldlichtungen. Ziemlich häufig.
Wissenswertes Das Netz wird zwischen höherer krautiger Vegetation ausgespannt, aber immer sehr dicht am Boden. Die Spinne sitzt verborgen in einem eingerollten Blatt und hält einen Signalfaden. Tagsüber ist sie daher kaum zu sehen.

Marmorierte Kreuzspinne
Araneus marmoreus

> breiter Hinterleib
> Hinterleib marmoriert
> feuchte Wiesen

Merkmale Eine ziemlich große Kreuzspinne mit kurzem Hinterleib, der aber nicht so breit wie bei der Vierfleck-Kreuzspinne ist. Die Weibchen werden bis zu 15 cm lang. Die Färbung ist sehr unterschiedlich (siehe Abbildungen), meist ist der Hinterleib auffallend marmoriert.
Vorkommen Auf feuchten Wiesen, am Rande von Mooren und in Auwäldern. Weniger häufig als die Garten- und Vierfleck-Kreuzspinne.
Wissenswertes Das Netz befindet sich im Gebüsch oder zwischen höheren Kräutern. Die Spinne verbirgt sich in Rindenspalten oder zwischen dichten Pflanzen.

Eichblatt-Kreuzspinne
Aculepeira ceropegia

> langovaler Hinterleib
> eichenblattförmiger Fleck
> auffällige Sitzwarte

Merkmale Mit bis zu 14 mm Länge recht groß, kenntlich an dem langen, hinten zugespitzten Hinterleib mit der auffälligen, an ein Eichenblatt erinnernden Zeichnung.
Vorkommen Auf trockenen bis feuchten Wiesen, auf Waldlichtungen, manchmal sogar in Getreidefeldern. Vor allem im Bergland häufig.
Wissenswertes Das Netz liegt meist in Bodennähe zwischen Gras- oder Getreidehalmen und ist mit weißem Gespinst überzogen. Die Sitzwarte ist ein oben offenes schüsselförmiges Gespinst dicht neben dem Netz.

Heideradspinne

Neoscona adianta

> kleine Kreuzspinne
> eichenblattartige Zeichnung
> in Heiden

Merkmale Mit nur bis zu 7 mm Länge des Weibchens ist sie eine der kleineren Kreuzspinnen. In Körperform und Zeichnung sehr ähnlich der Eichblatt-Kreuzspinne, die weißen Längsbinden auf dem Hinterleib sind aber an ihren Einschnürungen unterbrochen.
Vorkommen In Heiden und anderem Offenland mit niedrigen Sträuchern. Vor allem in Norddeutschland häufiger, aber nach der Roten Liste gefährdet.
Wissenswertes Das kleine Netz der Heideradspinne ist sehr feinmaschig und wird in niedrigen Pflanzen angelegt. Daneben liegt das nach unten offene Versteck. Diese sehr schön gefärbte kleine Spinne ist ein Beispiel für die Gefährdung charakteristischer Lebensräume und ihrer meist besonders gut angepassten Bewohner. Gerade die genaue Anpassung an derartige spezielle Lebensräume bildet eine Gefährdungsursache für solche Tiere, da sie nur schwer in andere Lebensräume ausweichen können.

Wespenspinne

Argiope bruennichi

> wespenartige Zeichnung
> Netz mit Stabiliment
> sehr kleines Männchen

Merkmale Mit ihrer wespenähnlichen Hinterleibszeichnung eine der auffälligsten Spinnen. Bei ihr ist der Größenunterschied der Geschlechter besonders bedeutend: Die Weibchen werden bis zu 17 mm lang, die Männchen nur bis etwa 6 mm.
Vorkommen Auf sonnigen, trockenen wie feuchten Wiesen mit halbhohem, oft auch lückenhaftem Bewuchs.
Wissenswertes Diese eigentlich mediterrane Art ist erst in den letzten 50 Jahren bei uns häufiger geworden. Es steht zu erwarten, dass sie im Zuge der Klimaerwärmung noch zunehmen wird. Das Netz befindet sich meist in Bodennähe zwischen Gräsern oder Stauden und fällt durch das weiße zickzackförmige Stabiliment in der Mitte auf (links). Über den Sinn dieser Struktur wird noch diskutiert: Sie könnte der Tarnung der Spinne Feinden gegenüber dienen, etwa durch die Auflösung des Körperumrisses, aber auch zur Anlockung von Beutetieren. Bei dieser Art verzehrt das Weibchen in der Regel das kleinere Männchen nach der Paarung. Der ballonförmige, dicht gesponnene Eikokon wird in der Vegetation aufgehängt (rechts).

Veränderliche Krabbenspinne
Misumena vatia

> perfekte Tarnung
> auf Blüten
> Lauerjäger

Merkmale Diese Krabbenspinne trägt ihren Namen zu Recht, denn nicht nur das fast einfarbig dunkle Männchen ist ganz anders gefärbt als das Weibchen, sondern auch dessen Hinterleib variiert zwischen einfarbig weiß bis grüngelb und kann grünliche und seitlich auch rote Längsstreifen aufweisen. Mit bis zu 10 mm Länge gehören die Weibchen zu den größten Krabbenspinnen.
Vorkommen Auf Wiesen, an Wegen und Waldrändern, auf Blüten. Besonders in Süddeutschland überall häufig.
Wissenswertes Die Spinnen können ihre Färbung perfekt an den Untergrund anpassen und sind daher für anfliegende Insekten, Bienen, Hummeln, Käfer und Schmetterlinge praktisch unsichtbar. Der Farbwechsel wird anscheinend durch die Augen gesteuert. Die Spinne lauert mit gespreizten Vorderbeinen unbeweglich auf der Blüte, greift die Beute blitzschnell mit den Vorderbeinen und tötet selbst wehrhafte Beutetiere durch einen raschen Giftbiss in den Nacken.

Laufspinne
Thanatus fomicinus

> schwarzer Mittelstreif
> lange Beine
> auf Wiesen

Merkmale Eine graue oder graugelbe Laufspinne, leicht zu erkennen an dem schwarzen, gelb umrandeten Mittelstreif auf der vorderen Hälfte des lang gestreckten Hinterleibs. Dieser ist nicht so abgeflacht wie bei den Laufspinnen der Gattung *Philodromus*. Die Weibchen werden bis zu 10 mm lang.
Vorkommen An besonnten Stellen mit niedriger Vegetation, sowohl auf Trockenrasen wie auf feuchten Streuwiesen.
Wissenswertes Die sehr langbeinigen, raschen Laufspinnen besitzen kein Netz, sondern jagen ihre Beute durch Anpirschen und schnelles Zugreifen. Die auffallend gezeichnete Spinne hält sich meist in der niedrigen Vegetation auf und bewegt sich dort sehr geschwind. Sie ist weit verbreitet, aber nirgends häufig und steht auf der Roten Liste der gefährdeten Tiere, was wohl in der weitgehenden Zerstörung ihrer Lebensräume begründet ist.

Dornfinger

Cheiracanthium punctorium

> sehr lange Cheliceren
> großer Gespinstsack
> einzige »Giftspinne«

Merkmale Mit bis zu 15 mm Körperlänge beim Weibchen die größte Art ihrer Gattung. Vorderkörper und Cheliceren bis auf deren Spitze rötlich bis gelbbraun gefärbt (links), Hinterleib grünlich gelb mit undeutlichem Mittelfleck. Beim Männchen sind die bereits sehr langen Cheliceren noch mehr verlängert.
Vorkommen Auf trockenen bis etwas feuchten Wiesen mit hohem Gras. In Deutschland nur in einigen Wärmegebieten, im Oberrheintal und in Brandenburg. Nach der Roten Liste ist die Art gefährdet.
Wissenswertes Der Dornfinger baut im hohen Gras auffällige, weiße Gespinstsäcke, in dem das Weibchen auch seinen Eikokon bewacht (rechts). Er ist die einzige Spinne in Deutschland, die ernsthafte Vergiftungserscheinungen hervorrufen kann, denn die spitzen Cheliceren können die menschliche Haut leicht durchdringen. Überdies sind die Weibchen recht aggressiv, wenn sie ihre Kokons bewachen. Die Schmerzen, die zuweilen mit Schüttelfrost und leichten Lähmungen einhergehen, halten in schweren Fällen zwei Wochen an.

Laufspinne

Tibellus oblongus

> schlanker Körper
> langer Mittelstreif
> auf Grashalmen

Merkmale Eine sehr schlanke, lang gestreckte Spinne mit langen, nach vorn und hinten gerichteten Beinen. Die Färbung ist gelbbraun mit einem braunen Mittelstreif auf dem gesamten Körper, der sich in einem helleren Feld befindet. Die Weibchen werden bis zu 10 mm lang.
Vorkommen Auf trockenen bis etwas feuchten Streuwiesen, auch am Rand von Mooren. Verbreitet, doch nirgends häufig.
Wissenswertes Die Spinnen sind hervorragend getarnt, wenn sie mit nach vorn und hinten ausgestreckten Beinen auf Halmen oder Blättern sitzen. Mit dem dritten Beinpaar halten sie sich dabei an der Unterlage fest. Der dunkle Mittelstreif dient ebenfalls der Auflösung des Körperumrisses. Die Spinnen weben kein Netz, sondern jagen ihre Beute an Halmen und auf Blättern. Das Weibchen setzt seinen Eikokon auf einem Halm ab und setzt sich schützend darauf.

Springspinne

Evarcha arcuata

> Männchen gestreiftes Gesicht
> Weibchen mit Versteck
> feuchte Wiesen

Merkmale Bei dieser mit beim Weibchen bis zu 8 mm Körperlänge recht großen Springspinne sind die Geschlechter sehr unterschiedlich gefärbt: Das Männchen ist fast schwarz, etwas glänzend und besitzt ein auffällig mehrfach quer weiß gestreiftes Gesicht; das Weibchen ist bräunlich und hat einen auffällig gemustertem Hinterleib mit mehreren schwarzen, teils weiß gerandeten, schrägen Flecken. Außerdem besitzt das Männchen auffallend verdickte Vorderbeine.
Vorkommen Bevorzugt auf relativ feuchten Wiesen, auch an Ufern und in sumpfigen, aber lichten Wäldern. Weit verbreitet und fast überall häufig.
Wissenswertes Während die Männchen häufig in der Vegetation zu sehen sind, halten sich die Weibchen vorzugsweise in ihrem Versteck verborgen, das aus einem zusammengerollten und versponnenen Blatt oder versponnenen Zweigen bestehen kann. Im Sommer bewacht das Weibchen darin auch seinen Eikokon.

Ameisenspringspinne

Myrmarachne formicaria

> Ameisenmimikry
> Männchen mit langen Cheliceren
> überwintern in Schneckenschalen

Merkmale Diese bis zu 6,5 mm lange Springspinne ist im Feld tatsächlich kaum von einer Ameise zu unterscheiden. Vorder- und Hinterkörper sind mit einer Art Stiel verbunden und der Vorderkörper ist hinter den Augen abgesetzt und dazu dort noch rot gefärbt, sodass er Kopf und Thorax einer Ameise vortäuscht. Auch die Pedipalpen sind beim Weibchen abgeflacht und sehen wie Ameisenkiefer aus. Beim Männchen sind sie normal gestaltet, dafür sind die Cheliceren stark verlängert.
Vorkommen Auf trockenen bis recht feuchten Wiesen, auf Ödland, an Ufern, auch an sehr trockenen Lösswänden.
Wissenswertes Die Ameisenmimikry dieser Spinnen wird auch im Verhalten deutlich, denn das erste Beinpaar wird wie Ameisenfühler angehoben. Gern überwintern die Spinnen in leeren Schneckenhäusern, in denen man zuweilen mehrere Tiere finden kann.

Tapezierspinne

Atypus piceus

> große, orthognathe Cheliceren
> Fangschlauch am Boden
> Trockenrasen

Merkmale Die drei Arten der Tapezierspinnen sind die einzigen Vertreter der orthognathen Spinnen bei uns und somit mit den tropischen Vogelspinnen nah verwandt. Sie sind leicht an den massigen, parallel nach unten gerichteten Cheliceren erkennbar. Die bis zu 15 mm großen Spinnen sind außerdem leicht kenntlich an ihrer einfarbig schwarzen bis dunkelbraunen Färbung, den kurzen, kräftigen Beinen und den langen, dreigliedrigen Spinnwarzen.

Vorkommen An trockenen, besonnten Stellen, auf Trockenrasen und an Waldrändern, besonders auf Kalkboden. Fehlt in der Norddeutschen Tiefebene. Nach der Roten Liste gefährdet.

Wissenswertes Die Spinnen bewohnen etwa 20–30 cm tiefe, senkrechte, dicht ausgesponnene Röhren im Boden, die sich oberirdisch in einem bis zu 10 cm langen, fingerdicken Schlauch (unten) fortsetzen, der häufig am Boden liegt, aber auch an Steinen oder Baumstämmen in die Höhe zieht. Dieser Schlauch ist durch Blattstücke, Flechten oder Nadeln getarnt und nur schwer zu erkennen. Den Tag verbringt die Spinne im Boden, nachts lauert sie im Fangschlauch und beißt Beutetiere, die den Schlauch berühren, durch das Gespinst hindurch mit ihren sehr langen Cheliceren. Im Sommer kann man die Männchen auf der Suche nach Weibchen herumlaufen sehen. Sie dringen in die Wohnröhre ein und paaren sich dort. Die Jungtiere überwintern in der mütterlichen Röhre, verlassen diese im März, klettern an Pflanzen empor und lassen sich an einem Faden davontreiben, um neue Lebensräume zu besiedeln. Diese langlebigen Spinnen können zehn Jahre alt werden. Alle drei einheimischen Arten der Tapezierspinnen sind als wärmeliebende Tiere der Trockenrasen und Offengebiete gefährdet. Sie gehören ohnehin zu einer eigentlich in den Tropen und Subtropen verbreiteten Spinnengruppe und sind, stammesgeschichtlich gesehen, viel ursprünglicher als alle anderen bei uns vorkommenden Spinnen. So etwa müssen Spinnen im Erdaltertum und Erdmittelalter ausgesehen haben, bevor sich die zahlreichen »modernen« Radnetz-, Wolfs- und Springspinnen entwickelt haben.

Rote Röhrenspinne
Eresus cinnaberinus

> Männchen mit rotem Hinterleib
> Gespinstdecke am Boden
> Kannibalismus der Jungspinnen

Merkmale Eine große, bis 16 mm lange Spinne mit deutlichem Sexualdimorphismus: Das kleine Männchen hat einen leuchtend roten Hinterleib mit vier schwarzen Punkten, während das viel größere Weibchen einfarbig schwarz ist (siehe kleine Abbildung). Nur der Vorderkopf kann gelblich oder rot behaart sein.
Vorkommen An trockenen, besonnten Stellen, gern in Bereichen, wo Ödland an etwas dichtere Vegetation angrenzt. Nur in Wärmegebieten. In Süddeutschland weiter verbreitet, aber auch an manchen Stellen in Brandenburg und in der Lüneburger Heide. Nach der Roten Liste stark gefährdet.
Wissenswertes Die Spinne bewohnt eine bis zu 10 cm tiefe, schräge, mit Gespinst ausgekleidete Röhre im Boden. Am Ausgang befindet sich eine bis zu 10 cm große Gespinstdecke auf dem Erdboden, die seitlich in Kräuselfäden ausläuft. Das Gespinst ist mit Pflanzenteilen getarnt. Die Spinne lauert meist am Eingang der Röhre und erbeutet vor allem große Käfer. Die Männchen paaren sich in der Röhre der Weibchen und leben mit ihnen einige Zeit zusammen. Die Jungspinnen werden zunächst von der Mutter ernährt, die bald stirbt und von ihnen verzehrt wird.

Sechsflecken-Röhrenspinne
Eresus sandaliatus

> Männchen mit sechs Punkten
> Weibchen nicht gelb behaart
> auch im Hochgebirge

Merkmale Sehr ähnlich der Roten Röhrenspinne, aber das Männchen weist sechs schwarze Flecken auf und alle Beine sind weiß geringelt. Den Weibchen fehlen die gelben Haarflecken.
Vorkommen An trockenen, besonnten Stellen, auch in den Alpen bis über 2000 m. Nicht in ausgesprochenen Wärmegebieten und nicht im Gebiet der Roten Röhrenspinne. Die Art steht ebenfalls auf der Roten Liste.
Wissenswertes Netzbau und Brutverhalten gleichen denjenigen der Roten Röhrenspinne, mit der sie lange Zeit verwechselt worden ist. Daher ist ihre Verbreitung noch nicht endgültig geklärt und dementsprechend ist auch ihr Gefährdungsgrad unklar. Es zeigt sich an diesen beiden Arten, wie viel noch an unseren einheimischen Spinnen zu erforschen ist, selbst an großen, auffälligen Arten.

Sechsaugenspinne
Dysdera erythrina

> nur sechs Augen
> lebt unter Steinen
> spezialisiert auf Asseln

Merkmale Eine ziemlich große, bis zu 14 mm lange, vorn rotbraune, am Hinterleib einfarbig rötlich grau gefärbte, etwas fettglänzende Spinne mit sehr langen, zangenförmigen Cheliceren.
Vorkommen An besonnten, warmen Orten, auf Trockenrasen, aber auch in lichten Wäldern. Vor allem in den Mittelgebirgen, aber nicht häufig.
Wissenswertes Die Spinnen halten sich tagsüber in sackförmigen Gespinsten unter größeren Steinen auf und gehen nur nachts auf Jagd. Sie sind auf Asseln spezialisiert, die sie mithilfe ihrer riesigen, weit klaffenden Cheliceren (siehe kleine Abbildung) erbeuten können. Die langen Cheliceren brauchen sie, um die seitlich weit herausragenden Rückenschilder der Asseln zu umfassen und den Giftbiss in die ungeschützte Unterseite anbringen zu können. Fühlen sich die Spinnen bedroht, richten sie den Vorderkörper auf und spreizen die langen, bedrohlichen Cheliceren weit auseinander. Weshalb diese Spinnen und einige wenige aus anderen Familien nur sechs anstatt der üblichen acht Augen besitzen, ist noch unklar.

Sechsaugenspinne
Dysdera crocata

> sehr lange Cheliceren
> sehr wärmeliebend
> wenige Bissfälle

Merkmale Eine sehr große Spinne, deren Weibchen bis zu 18 mm lang werden können. Die Cheliceren sind im Verhältnis noch länger als bei der vorigen Art. Vorderkörper und Beine sind rötlich, der Hinterleib ist meist einfarbig gelblich.
Vorkommen Noch wärmeliebender als die vorige Art. Bei uns nur in Wärmegebieten zerstreut in Weinbergen, an trockenen Mauern, auch in Gebäuden, Schuppen und Ställen vorkommend.
Wissenswertes Die Sechsaugenspinnen sind nicht nur an ihrer geringeren Augenzahl und deren sechseckigen Stellung leicht erkennbar, sondern auch an ihren sehr langen, weit gespreizten Cheliceren mit enorm langen, spitzen Klauen. Die sechs kleinen Augen sind wenig leistungsfähig und können wohl nur Helligkeitsunterschiede wahrnehmen. Von dieser Spinne sind einige wenige Bissfälle bekannt, die von leichten Vergiftungserscheinungen begleitet waren.

Kalksteinspinne
Titanoeca quadriguttata

> Männchen lebhaft gefärbt
> Netz unter Steinen
> in Kalkgebieten

Merkmale Eine bis zu 6 mm lange Spinne, deren Männchen im Gegensatz zu den schwarzen Weibchen vorn rot gefärbt sind und auf dem schwarzen Hinterleib vier weiße Flecken tragen.
Vorkommen In Kalkgebieten Süd- und Mitteldeutschlands an warmen, besonnten, steinigen Hängen.
Wissenswertes Diese Spinnen legen ihr kleines, unregelmäßiges Trichternetz unter Steinen an. Das Netz ist mit Kräuselwolle belegt, deren extrem dünne Fäden sich an Haaren und Borsten der Beutetiere verfangen und diese, je mehr sie zappeln, umso mehr fesseln.

Kugelspinne
Euryopis quinqueguttata

> Hinterleib mit fünf Flecken
> überwintert in Schneckenhäusern
> in Wärmegebieten

Merkmale Eine winzige, nur bis zu 2,5 mm große, aber auffällig gefärbte, schwarze, stark glänzende Kugelspinne mit geringelten Beinen und meistens fünf weißen Flecken auf dem ovalen Hinterleib.
Vorkommen Nur an sehr warmen, stark besonnten Stellen, bei uns nur in Wärmegebieten und recht selten. Nach der Roten Liste gefährdet.
Wissenswertes Im Kaiserstuhl eine häufige Spinne, dort überwintert sie oft in leeren Schneckenhäusern. Erwachsene Tiere findet man im Freiland bis in den Frühsommer in Bodennähe zwischen Steinen und auf niedriger Vegetation.

Labyrinthspinne
Agelena labyrinthica

> Fischgrätenmuster
> lange Spinnwarzen
> großes Trichternetz

Merkmale Eine große, bis zu 14 mm lange Trichterspinne mit auffälligem »Fischgrätenmuster« auf dem Hinterleib und sehr langen Spinnwarzen.
Vorkommen An sonnigen, trockenen Orten mit niedriger Vegetation. Weit verbreitet und überall häufig.
Wissenswertes Sie baut ein großes, bis zu 50 cm spannendes Trichternetz dicht über dem Boden mit einer hinten offenen Gespinströhre am Ende. Gerät ein Beutetier auf das Netz, wird die in der Röhre wartende Spinne alarmiert und kann exakt erkennen, wo sich die Beute befindet.

Wolfsspinne
Pardosa palustris

> kleine Art
> Vorderkörper hell gerandet
> auf Trockenrasen

Merkmale Eine sehr unterschiedlich gefärbte, kleine Wolfsspinne, die kaum über 6 mm Länge erreicht. Der Vorderkörper ist dunkelbraun, mit weißer Mittelbinde und hellem Seitenrand, der braune Hinterleib ist fein gesprenkelt, die Beine sind gebändert.
Vorkommen Im Gegensatz zu ihrem Artnamen (der »sumpfbewohnend« bedeutet) besiedelt die Spinne offene, trockene Lebensräume, Wiesen, Ödländer und besonnte Waldlichtungen. Sie ist weit verbreitet und im Sommer überall ziemlich häufig.
Wissenswertes Wie fast alle Wolfsspinnen baut diese Spinne kein Netz, sondern streift auf der Nahrungssuche am Erdboden herum, oft in vollem Sonnenschein. Seinen Kokon trägt das Weibchen dabei an die Spinnwarzen geheftet mit sich herum. Die frisch geschlüpften Jungspinnen klettern nach dem Schlüpfen auf den Hinterleib des Weibchens und werden ebenfalls eine Zeit lang getragen. Die Unterscheidung von den zahlreichen anderen Arten der Gattung ist schwierig und nur anhand der Untersuchung der Genitalorgane möglich.

Wolfsspinne
Pardosa bifasciata

> kleine Art
> Körper braun längs gestreift
> sehr wärmeliebend

Merkmale Eine weitere kleine Wolfsspinne aus der gleichen Gattung, die ebenfalls nur etwa 6 mm groß wird. Der Vorderkörper ist überwiegend hellgrau mit zwei dunklen Längsstreifen, der Hinterleib ist ebenfalls hell mit einem hellen Fleck in der Mitte der Basis und mit zwei braunen Längsstreifen.
Vorkommen An sehr warmen, trockenen Stellen, auf steinigen Trockenrasen und sandigen Heiden. Verbreitung ziemlich zerstreut, doch an den Fundorten oft in großer Anzahl. Nach der Roten Liste gefährdet.
Wissenswertes Dies ist eine besonders wärmeliebende und sonnenhungrige kleine Wolfsspinne, die man an geeigneten Stellen in großer Zahl beobachten kann. Die Spinnen laufen selbst im heißesten Sonnenschein auf schütter bewachsenem Boden herum. Wie alle Wolfsspinnen können sie sehr rasch laufen, unterbrechen ihren Lauf aber immer wieder ruckartig. Man nimmt an, dass diese Art der Fortbewegung Feinde verwirrt, die die still stehende Spinne immer wieder aus den Augen verlieren.

Wolfsspinne
Alopecosa schmidti

> sehr große Art
> Hinterleib mit Mittelfleck
> östlich verbreitet

Merkmale Eine große Wolfsspinne, deren Weibchen bis zu 18 mm erreichen. Vorderkörper hell gerandet mit einem hellen Mittelstreif, Hinterleib vorn mit dunklem Fleck, hinten mit einigen Winkelflecken.
Vorkommen An warmen, trockenen Orten, oft auf Kalktrockenrasen, aber auch in Sandgebieten. Eine östliche Art, die westlich bis nach Thüringen verbreitet ist. Nach der Roten Liste gefährdet.
Wissenswertes Viele der auf Trockenrasen lebenden Wolfsspinnen stehen inzwischen in der Rote Liste, weil ihre Lebensräume selten geworden sind.

Wolfsspinne
Alopecosa striatipes

> große Art
> Weibchen in Erdröhre
> stark gefährdet

Merkmale Eine große, bis zu 15 mm lange Art. Vorderkörper mit hellem Mittelstreifen, Hinterleib beim Männchen mit einem hellgrauen Längsband, beim Weibchen mit einigen Winkelflecken.
Vorkommen Besonders auf steinigen Trockenrasen mit geringem Pflanzenwuchs, aber sehr zerstreut vorkommend. Nach der Roten Liste stark gefährdet.
Wissenswertes Während man die Männchen herumstreifend finden kann, sitzen die Weibchen meist in ihren sehr gut getarnten, oft mit einem Deckel versehenen Erdröhren, aus denen man sie mit einem Grashalm herauskitzeln kann.

Wolfsspinne
Aulonia albimana

> sehr kleine Art
> fast einfarbig dunkel
> kleines Trichternetz

Merkmale Die kleinste einheimische Wolfsspinne, leicht zu erkennen an ihrer dunklen Färbung und dem schmalen, hellen Seitenrand des Vorderkörpers.
Vorkommen Auf vegetationsarmem Ödland, gern auf Trockenrasen und Binnendünen. Weit verbreitet und meistens zahlreich.
Wissenswertes Dies ist die einzige einheimische Wolfsspinne, die ein Fangnetz webt. Dieses ist allerdings klein und unscheinbar. Es liegt auf Moospolstern, ist trichterförmig und hat am Ende einen engen Gang, der ins Moos hineinführt, wo sich die Spinne aufhält.

Wolfsspinne
Arctosa perita

> auffällig gesprenkelt
> Wohnröhre im Sand
> reine Sandbewohnerin

Merkmale Eine mittelgroße, knapp 10 mm erreichende, sehr lebhaft gezeichnete Wolfsspinne mit sehr eng geringelten Beinen.

Vorkommen Nur auf lockerem, weitgehend vegetationslosem Sandboden, sowohl an der Küste wie an Flussufern, Binnendünen, auf sandigen Wegen und auf sandigen Waldlichtungen. Nach der Roten Liste gefährdet.

Wissenswertes Ein reiner Sandbewohner, dessen gesprenkelte Färbung hervorragend an den Sandboden angepasst ist. Sie bewohnt senkrechte Wohnröhren, in die sie sich bei der kleinsten Erschütterung oder bei Beschattung blitzschnell zurückzieht (siehe kleine Abbildung). Von der Röhre aus, an deren Eingang sie auf der Lauer liegt, führt sie auch ihre raschen Jagdzüge durch. Sowohl für die Überwinterung als auch bei wiederholter Störung verschließt sie die Röhre mit einem Gespinst und zieht dieses mit den daran haftenden Sandkörnchen zusammen, sodass von der Röhre nichts mehr zu sehen ist.

Luchsspinne
Oxyopes ramosus

> lebhaft gezeichnet
> Beine bestachelt
> in Heidegebieten

Merkmale Die lebhaft gemusterte, mit zahlreichen weißen Haarflecken auf rötlichem Grund gezeichnete, bis fast 10 mm lange Spinne ist leicht an ihren geringelten und lang bestachelten Beinen zu erkennen.

Vorkommen An warmen, sonnigen Stellen, bevorzugt in Heidegebieten auf Sandboden. Vor allem in Norddeutschland verbreitet und dort nicht selten. Wegen der weitgehenden Zerstörung der Heidegebiete aber auf der Roten Liste der gefährdeten Tiere.

Wissenswertes Die Luchsspinne gehört zu einer in den Tropen artenreichen Familie, von der nur sehr wenige Arten bei uns, einige mehr auch im Mittelmeerraum vorkommen. Als sonnenliebendes, offenbar gut sehendes Tagtier jagt sie ihre Beute ohne Netz, sondern beschleicht sie, um sie dann plötzlich anzuspringen. Man findet sie nur selten am Boden, sondern vorzugsweise in und auf niedriger Vegetation, besonders gern im Heidekraut.

Plattbauchspinne
Drassodes lapidosus

> lang gestreckter Körper
> Wohnsack unter Steinen
> Nachttier

Merkmale Eine große, auffallend schlanke, bis zu 16 mm lange, ziemlich langbeinige Spinne mit rotbraunem Vorderkörper und einheitlich graubraunem Hinterleib.
Vorkommen An warmen, offenen, meist recht trockenen Orten unter Steinen. Überall recht häufig.
Wissenswertes Ein Nachttier, das sich unter Steinen ein sackartiges Wohngespinst webt, aber kein Fangnetz besitzt, sondern nachts frei auf dem Boden jagt. Paarung und Eiablage finden im Wohnsack des Weibchens statt. Hier wird auch der Kokon abgelegt.

Plattbauchspinne
Gnaphosa lucifuga

> große, robuste Spinne
> fast einfarbig schwarz
> auf Trockenrasen

Merkmale Mit über 18 mm Länge des Weibchens die größte Art der Plattbauchspinnen. Eine robuste, ziemlich kurzbeinige, einfarbig schwarze Spinne.
Vorkommen An schütter bewachsenen Stellen, bevorzugt auf Kalkboden in den Mittelgebirgen. Nicht häufig und nach der Roten Liste gefährdet.
Wissenswertes Diese sehr große Spinne ist ebenfalls ein Nachttier, das sich tagsüber unter Steinen verbirgt. Auch diese Art spinnt sich einen Wohnsack unter Steinen, in dem das Weibchen auch seinen Kokon ablegt. Nachts streift sie auf der Jagd frei herum.

Plattbauchspinne
Callilepis schuszteri

> goldene oder silberne Flecken
> Tagtier
> Ameisenjäger

Merkmale Eine kleine, lebhaft gefärbte Art, das Weibchen wird bis zu 7 mm lang. Die Färbung ist schwarz, beim Männchen mit goldenen, beim Weibchen silbernen Flecken auf Vorder- und Hinterkörper.
Vorkommen An warmen, wenig bewachsenen Stellen, besonders auf Trockenrasen. Bei uns vor allem im Südosten. Nicht häufig und nach der Roten Liste stark gefährdet.
Wissenswertes Ein Tagtier, das sich ausschließlich von Ameisen ernährt. Die Spinne lauert an Ameisenstraßen oder streift herum, beißt ihr Opfer in die Fühlerbasis und schleppt es anschließend in ihr Versteck, wo sie es verzehrt.

Ameisenspinne
Micaria fulgens

> ameisenähnliches Verhalten
> Tagtier
> auf Trockenrasen

Merkmale Eine kleine, bis zu 6 mm lange, am Hinterleib hell beschuppte Art, leicht kenntlich an den rot glänzenden Schuppenhaaren an der Vorderseite der Cheliceren und dem hell gefleckten Hinterleib.
Vorkommen An warmen, offenen Stellen, bevorzugt auf Trockenrasen. Überall recht häufig.
Wissenswertes In Gegensatz zu den meisten Plattbauchspinnen ist die Ameisenspinne tagaktiv. Sie läuft im Sonnenschein ruckartig und sehr flink am Boden, an Felsen und Zaunpfählen hin und her und kann infolge dieser Bewegungsweise leicht mit einer Ameise verwechselt werden, in deren Gesellschaft sie sich aufhält. Inwieweit dieses Verhalten dem Schutz vor größeren Fressfeinden dient und nicht vielmehr als Anpassung an das Verhalten ihrer potenziellen Beutetiere anzusehen ist, ist unklar. Tatsächlich wurden Ameisenspinnen schon beim Verzehren von Ameisen beobachtet, sie jagen und verzehren aber auch andere, kleine Wirbellose.

Gehöckerte Krabbenspinne
Thomisus onustus

> dreieckiger Hinterleib
> Farbwechsel
> in Wärmegebieten

Merkmale Bei dieser Art sind die Geschlechter besonders unterschiedlich, denn das Weibchen wird bis zu 10 mm lang, während das Männchen kaum 4 mm erreicht. Die Spinne ist mit ihrem dreieckigen Hinterleib unverkennbar. Die Färbung ist sehr variabel, von reinweiß bis rot, mit oder ohne Zeichnung, und richtet sich teilweise nach dem Untergrund.
Vorkommen An sonnigen Stellen mit nicht zu niedriger Vegetation. Vor allem in Wärmegebieten, dort aber stellenweise recht häufig.
Wissenswertes Auch diese Art kann vermutlich ihre Färbung der jeweiligen Blütenfarbe anpassen. Es scheint aber, dass der Farbwechsel, zum Beispiel von Rosa nach Gelb, immer nur über eine weiße Zwischenstufe möglich ist. Die Spinne lauert auf verschiedenen Blüten, greift mit den nach vorn gerichteten vorderen Beinpaaren die Beute und beißt diese offenbar bevorzugt in die Halsregion.

Kreuzspringspinne
Pellenes tripunctatus

> weiße Kreuzzeichnung
> überwintert in Schneckenhäusern
> auf Trockenrasen

Merkmale Eine mittelgroße, 5–7 mm lange Springspinne. Das Weibchen ist leicht an der weißen Kreuzzeichnung auf dem Hinterleib kenntlich, das Männchen hat nur einen weißen Längsstreifen.
Vorkommen Besonders auf Trockenrasen mit schütterem, kurzem Pflanzenwuchs, im Süden häufiger als im Norden. Nach der Roten Liste gefährdet.
Wissenswertes Diese Springspinne überwintert gern in den auf Trockenhängen häufigen leeren Schneckenhäusern, in denen sie sich einen festen Gespinstsack anlegt, der den Eingang des Gehäuses ganz verschließen kann.

Springspinne
Aelurillus υ-insignitus

> v-förmiger Stirnfleck
> sehr sonnenhungrig
> auf unbewachsenem Boden

Merkmale Männchen und Weibchen dieser bis zu 7 mm großen Springspinne sind sehr verschieden gefärbt: Das Männchen trägt auf dem Hinterleib einen einfachen weißen Längsstreif, das größere und massigere Weibchen besitzt eine komplizierte, blattartige Zeichnung. Der wissenschaftliche Artnahme bezieht sich auf den v-förmigen Stirnfleck des Männchens.
Vorkommen Auf schütter bewachsenen, sehr trockenen Stellen, auch auf Geröll und Dünen. Weit verbreitet und recht häufig.
Wissenswertes Diese Springspinne hält sich immer an sehr offenen Stellen auf.

Springspinne
Sitticus saltator

> sehr kleine Art
> springt sehr weit
> auf Sandflächen

Merkmale Eine sehr kleine Art. Das fast einfarbig rotbraun gefärbte Weibchen wird höchstens 4 mm lang. Das Männchen ist noch kleiner, es besitzt weiße Pedipalpen und zwei weiße Flecken auf dem Hinterleib.
Vorkommen Auf offenen oder bewachsenen Sandflächen, auch an der Küste auf Dünen. Vor allem in Norddeutschland.
Wissenswertes Trotz ihrer geringen Größe kann diese winzige Springspinne erstaunlich weite Sätze machen. Sie überwintert in einem Gespinstsack in einer kleinen, selbst gegrabenen Grube im Boden zwischen Graswurzeln.

Springspinne
Bianor aurocinctus

> metallisch schwarz
> rötliche Beine
> auf Trockenrasen

Merkmale Eine kleine, bis zu 4 mm große, fast einfarbig schwarze Springspinne mit deutlichem Metallglanz und rötlichen Beinen. Die basalen Glieder der Vorderbeine sind stark verdickt, beim Männchen sind die Schienen außerdem stark behaart.
Vorkommen An warmen und trockenen Orten, besonders auf Trockenrasen und Sandheiden. Weit verbreitet, aber nicht häufig.
Wissenswertes Trockenrasen beherbergen besonders viele Arten von Springspinnen. Als tagaktive, sehr gut sehende Jäger scheinen die meisten Springspinnen recht sonnenhungrig zu sein.

Springspinne
Euophrys aequipes

> sehr kleine Art
> geringelte Beine
> überwintert in Schneckenhäusern

Merkmale Eine der kleinsten einheimischen Springspinnen, denn das Weibchen wird höchstens 3 mm groß. Der Körper ist hell und dunkel gesprenkelt, besonders auffallend sind aber die kontrastreich geringelten Beine.
Vorkommen An warmen und trockenen Orten, auf Trockenrasen und grasbewachsenen Sandheiden. Weit verbreitet und häufig.
Wissenswertes Obwohl diese winzige Spinne durchaus häufig ist, macht es einige Mühe, sie zu entdecken. Am einfachsten findet man sie winters in leeren Schneckenhäusern, wo sie auch ihren Kokon ablegt.

Springspinne
Philaeus chrysops

> größte Springspinne
> Männchen leuchtend rot
> dem Aussterben nah

Merkmale Diese größte deutsche Springspinne kann bis zu 12 mm lang werden. Das Männchen ist mit seinem roten, schwarz gestreiften Hinterleib zugleich die auffälligste Springspinne. Der Hinterleib des unscheinbaren Weibchens dagegen ist an den Seiten nur weißlich gelb gestreift.
Vorkommen Auf sehr warmen Trockenrasen. Bei uns nur in Wärmegebieten und nach der Roten Liste vom Aussterben bedroht und geschützt.
Wissenswertes Diese schönste deutsche Springspinne kommt wohl nur noch sporadisch im Oberrheintal an trockenen, buschreichen Stellen vor.

Kräuselspinne

Dictyna uncinata

> sehr kleine Art
> Netz unter Blättern
> Kräuselfäden

Merkmale Die sehr kleine, nur bis zu 3,5 mm große Kräuselspinne besitzt einen rundlichen Hinterleib, der auf hellbraunem oder gelblichem Grund vorn einen dunklen Mittelfleck trägt, dahinter befinden sich einige Winkelflecken. Die Beine sind nicht geringelt.
Vorkommen An buschigen Wegrändern, in Gärten, auf buschreichen Wiesen, besonders häufig an Waldrändern. Weit verbreitet und überall häufig.
Wissenswertes Im Unterschied zu den meisten anderen Kräuselspinnen legt diese Art ihr unordentliches Fangnetz besonders gern an der Ober- oder Unterseite größerer Blätter an und bevorzugt dafür anscheinend Eichenblätter. Seitlich ist das Netz mit Fangfäden versehen, die mit Kräuselwolle belegt sind. In der Mitte ist es zu dem Schlupfwinkel verdichtet, in dem die Spinne lauert. Auch der Eikokon befindet sich im Gespinst. Es ist erstaunlich, welch große Beutetiere mit einem derartigen Netz gefangen werden können. Offenbar ist die Kräuselwolle den Klebfäden in der Fängigkeit weit überlegen.

Ameisenjäger

Zodarion germanicum

> kugeliger Hinterleib
> Ameisenjäger
> in Sandgegenden

Merkmale Eine kleine, bis etwa 5 mm lange, schwarze oder schwarzbraune Spinne mit helleren Beinen und mit auffallend hohem, rundem Hinterleib.
Vorkommen Vor allem in sandigen Gegenden, am Rand von Kiefernwäldern, aber auch auf Trockenrasen. Nicht häufig und vor allem in Wärmegebieten. Nach der Roten Liste gefährdet.
Wissenswertes Wie alle ihre Familienangehörigen eine spezialisierte Ameisenjägerin, die man daher auch nur in der Nähe von Ameisennestern oder Ameisenstraßen findet. Auch ihr Wohngespinst liegt in der Nähe von Ameisennestern. Die Spinne beißt ihre Beute immer blitzschnell von hinten, lässt sie dann los und wartet, bis das Gift gewirkt hat. Dann zieht sie die tote Ameise in ihr Versteck. Das ist eine geschlossene Gespinstkugel, die außen mit Sandkörnern oder anderen Gegenständen getarnt ist. Die Jagd scheint nicht ungefährlich zu sein, denn man findet nicht selten nur mehr sechs- oder gar fünfbeinige Spinnen.

Kugelspinne
Theridion pallens

> winzige Art
> Netz unter Eichenblättern
> zackiger Eikokon

Merkmale Eine winzige, aber markante Kugelspinne. Das nur bis zu 1,7 mm lange Tierchen besitzt einen auffallend kugeligen, gelblichen Hinterleib mit einem komplizierten Muster aus dunklen Flecken und Linien.
Vorkommen Vor allem an Waldrändern, bevorzugt an Eichen, aber auch an Nadelbäumen. Weit verbreitet und ziemlich häufig, aber infolge ihrer geringen Größe nicht leicht zu entdecken.
Wissenswertes Das weitmaschige, ziemlich unregelmäßige, mit nach unten hängenden Klebefäden versehene Deckennetz wird besonders gern an der Unterseite von Eichenblättern angelegt. Auffälliger als die Spinne selbst ist der schneeweiße Eikokon, der, oft an einer Blattrippe, im Netz befestigt wird. Er ist viel größer als die Spinne selbst, rundlich und an den Seiten und an der Oberseite mit mehreren zackigen Fortsätzen ausgestattet. Der Nachweis der Spinne gelingt daher besser durch die Suche nach dem Kokon, der im Frühsommer abgesetzt wird. Die meist kleinen Kugelspinnen bilden eine der artenreichsten Spinnengruppen bei uns und sind fast überall anzutreffen.

Kugelspinne
Theridion impressum

> Hinterleib dunkel gestreift
> Haubennetz auf Pflanzen
> Fütterung der Jungspinnen

Merkmale Mit bis zu 5,5 mm Länge eine der größeren Kugelspinnen. Der Vorderkörper ist hellbraun mit einem breiten, dunklen Längsstreifen, der breite, weißliche oder gelbliche Hinterleib trägt seitlich zwei schwarze Längsbänder, die aber durch weiße Querstriche aufgelöst sind.
Vorkommen An Wegrändern, auf Trockenrasen und trockenen Wiesen. Überall häufig.
Wissenswertes Diese Spinne webt ein kuppelförmiges Haubennetz, das an der Spitze etwas herausragender Kräuter angelegt wird. An der Oberseite des Netzes befindet sich der dicht ausgesponnene Schlupfwinkel der Spinne, der meistens mit Pflanzenteilen getarnt ist. Darin befindet sich auch der Eikokon. Nach dem Schlüpfen werden die Jungspinnen von der Mutter zunächst mit vorverdauter Nahrung von Mund zu Mund gefüttert, später mit getöteten Beutetieren. Nach dem Tod der Mutter wird diese selber von den Jungspinnen ausgesaugt.

Kugelspinne
Crustulina guttata

> sehr kleine Art
> gepunkteter Hinterleib
> Netz in Bodennähe

Merkmale Mit nur 2 mm eine der kleinsten Kugelspinnen. Auffällig sind der stark gehöckerte Vorderkörper, die drei Reihen heller Flecken auf dem Hinterleib und die rot-schwarz geringelten Beine.
Vorkommen An sonnigen Waldrändern, auf Waldlichtungen, in der Laubschicht, auch an überhängenden Felsen. Weit verbreitet und recht häufig.
Wissenswertes Das Deckennetz wird dicht über dem Boden errichtet, an ihm werden die nach unten laufenden Fangfäden befestigt, die am Ende mit Klebetröpfchen besetzt sind. Im Netz wird auch der Eikokon aufgehängt.

Baldachinspinne
Neriene radiata

> Hinterleib mit Mittelstreif
> kuppelförmiges Netz
> am Rand von Nadelwäldern

Merkmale Mit bis zu 6 mm Länge eine recht große Art. Der Vorderkörper der auffallend langbeinigen Spinne weist einen breiten, hellen Seitenrand auf, der Hinterleib ist weißlich mit gezacktem, dunklem Mittelstreif und dunklem Seitenrand.
Vorkommen Am Rand von Nadelwäldern auf Gebüsch und niedrigen Zweigen. Weit verbreitet und recht häufig.
Wissenswertes Das Baldachinnetz ist bei dieser Art auffallend kuppelförmig gewölbt. Die Spinne hängt unterhalb des Baldachins bauchoben im Netz. Dort findet auch im Frühsommer die Paarung statt, bei der das Männchen sich bauchoben unter das Weibchen schiebt.

Baldachinspinne
Stenomonyphantes lineatus

> Hinterleib marmoriert
> Netz in Bodennähe
> Winterart

Merkmale Weibchen bis zu 6 mm lang, Männchen etwas kleiner. Vorderkörper mit dunklem Seitenrand und schmalem, dunklem Längsband, Hinterleib weißlich marmoriert mit einem schmalen, gezackten, dunklen Mittelstreif und ebensolchen Seitenstreifen.
Vorkommen In lichten Wäldern und an Waldrändern, in Bodennähe oder auf niedrigem Gebüsch.
Wissenswertes Das Baldachinnetz wird meist dicht am Boden gebaut, zuweilen unter Steinen oder Holz. Dies ist eine Winterart, von der man erwachsene Tiere das ganze Jahr hindurch antreffen kann.

Baldachinspinne

Tapinopa longidens

> kurzbeinige Art
> lang bedornte Cheliceren
> Netz in Bodennähe

Merkmale Eine kleine, bis zu 5 mm lange, ziemlich kurzbeinige und untersetzte Baldachinspinne mit zwei dunklen Binden auf dem Vorderkörper und einer weißen Mittelbinde und unregelmäßigen weißen Flecken auf dem Hinterleib. Der wissenschaftliche Artname bezieht sich auf die sehr lang gezähnten Unterkanten des Cheliceren-Grundgliedes.
Vorkommen An sonnigen Waldrändern, auf schütter bewachsenem Gelände am Boden. Weit verbreitet und recht häufig.
Wissenswertes Das dicht gewebte, auffallend seidig glänzende Deckennetz wird dicht über dem Boden angelegt, gern an fast unbewachsenen Stellen. Im Spätherbst kann man dann auch die weißen, halbkugeligen Eikokons in den Netzen der Weibchen entdecken. Die Bedeutung der langen Zähne am Grundglied der Cheliceren ist noch nicht geklärt. Erwachsene Tiere findet man im Herbst bis in den Dezember hinein.

Baldachinspinne

Erigone atra

> einfarbig schwärzlich
> Männchen mit erhöhtem Kopf
> Altweibersommer

Merkmale Eine winzige, höchstens 2,5 mm lange, Zwergspinne. Färbung schwarzbraun mit etwas helleren Beinen. Bei den Männchen ist der Vorderköper mit den Augen etwas erhöht; sie besitzen auch sehr verlängerte Taster (Pedipalpen).
Vorkommen Überall an Wald- und Wegrändern, in der Bodenstreu oder in bodennaher Vegetation häufig.
Wissenswertes Trotz ihrer sehr geringen Größe fällt diese Spinne auch dem Nichtfachmann auf, weil sie zu den häufigsten »fliegenden« Spinnen des Altweibersommers gehört. Anscheinend besitzt diese Art keine definierte Paarungs- und Fortpflanzungszeit, denn man kann erwachsene Spinnen zu allen Jahreszeiten finden, selbst im Winter. Wozu die Auswüchse am Vorderkörper der Männchen dienen, ist nicht bekannt, wie wir überhaupt von der Lebensweise der meisten der etwa 250 bei uns vorkommenden Zwergspinnenarten nur sehr wenig wissen.

Herbstspinne

Meta segmentata

> Radnetz mit offener Nabe
> an Waldrändern
> sehr häufig

Merkmale Mit bis zu 9 mm Länge eine relativ kleine netzbauende Spinne. Hinterleib weißlich oder gelblich mit rötlicher Blattzeichnung.
Vorkommen An sonnigen Waldrändern, auf sonnigem Ödland, in Gärten, aber auch auf Waldlichtungen. Überall sehr häufig.
Wissenswertes Im Gegensatz zu den echten Radnetzspinnen hat das Netz der Herbstspinne eine offene Nabe (rechts), in der sich die Spinne tagsüber aufhält. Meistens wird das Netz recht dicht über dem Boden angelegt und ist oft etwas schräg. Wie der deutsche Name sagt, ein Herbsttier.

Körbchenspinne

Agalenatea redii

> breiter, behaarter Hinterleib
> körbchenförmige Sitzwarte
> an sonnigen Wegrändern

Merkmale Eine bis zu 8 mm große Webspinne mit breitem, dicht behaartem Hinterleib, der eine sehr variable, aber immer auffällige Zeichnung aus schwarzen, weiß eingefassten Längs- und Querstreifen trägt.
Vorkommen An trockenen, besonnten Wegrändern, auf Ödland und Waldlichtungen. Recht häufig.
Wissenswertes Das relativ kleine Radnetz befindet sich meist zwischen abgestorbenen, vorjährigen Pflanzen. Die Spinne selbst lauert in einer körbchenähnlichen, oben offenen Sitzwarte, die ihr ihren deutschen Namen gegeben hat.

Radnetzspinne

Gibbarena bituberculata

> Hinterleib gehöckert
> Höcker weiß eingefasst
> an sonnigen Wegrändern

Merkmale Die bis zu 10 mm lange Spinne fällt durch ihre Höcker am Vorderrand ihres schildförmigen Hinterleibes auf. Dieser ist hinter den Höckern weiß quer gestreift und trägt dahinter ein blattförmiges Muster.
Vorkommen An trockenen, besonnten Wegrändern, auf Ödland, Trockenrasen und in Heiden. Ziemlich selten und nur in Wärmegebieten.
Wissenswertes Das kleine Radnetz wird meistens schräg in Bodennähe zwischen Zweigen von Sträuchern angelegt. Die Spinne selbst sitzt unter der Nabe oder lauert in der Nähe.

Wolfsspinne

Trochosa terricola

> Muster auf dem Vorderkörper
> Nachttier
> unter Steinen

Merkmale Eine große Wolfsspinne, deren Weibchen 14 mm Länge erreichen können. Vorderkörper mit charakteristisch eingeschnürtem, hellem Längsband, das vorn zwei kleine dunkle Flecken einschließt; Hinterleib undeutlich längs und quer gefleckt.
Vorkommen An etwas beschatteten Stellen, an Waldrändern, auf Waldlichtungen, auch auf Trockenrasen. Weit verbreitet und überall sehr häufig.
Wissenswertes Vorzugsweise ein Nachttier, das sich tags unter Steinen, meist in einer länglichen, flachen Grube aufhält. Dort finden auch Paarung und Eiablage statt. Sofort nach dem Schlüpfen aus dem Kokon klettern die Jungspinnen auf den Rücken des Weibchens. Bei dieser Art, ebenso wie bei ihren Gattungsverwandten, scheinen die Männchen entweder viel seltener zu sein als die Weibchen, oder sie führen eine Lebensweise, infolge derer man sie nur selten zu Gesicht bekommt. Männchen findet man auch nur im Herbst und Frühjahr, die Weibchen dagegen das ganze Jahr hindurch.

Listspinne

Pisaura mirabilis

> langbeinig und sehr rasch
> Kokon in den Cheliceren
> bewacht Jungspinnen

Merkmale Die kleinste Vertreterin der Raubspinnen, dennoch eine große Spinne, denn das Weibchen wird bis zu 15 mm groß. Vorderkörper mit undeutlichem dunklen, in der Mitte hellerem Längsband, Hinterleib lang und schlank, seitlich hell, mit zahlreichen Winkelflecken. Sehr langbeinig.
Vorkommen An sonnigen Waldrändern und Waldwegen, auch auf dichter bewachsenem Trockenrasen. Weit verbreitet und häufig.
Wissenswertes Vor allem im Frühjahr kann man diese sehr raschen, frei jagenden Spinnen beim Sonnenbad auf Blättern beobachten, wo sie mit charakteristisch kreuzförmig ausgestreckten Beinen sitzen. Im Gegensatz zu den verwandten Wolfsspinnen tragen die Weibchen der Raubspinnen ihren Kokon zunächst mit den Cheliceren mit sich herum. Später wird er in einem kuppelförmigen Gespinst dicht über dem Boden befestigt, aus dem die Jungspinnen ausschlüpfen. Sie werden noch ein Zeit lang vom Weibchen bewacht.

Wolfsspinne
Xerolycosa nemoralis

> rötlicher Hinterleib
> Tagtier
> an sonnigen Waldrändern

Merkmale Mit nur bis zu 7 mm Länge eine der kleineren Wolfsspinnen. Der Vorderkörper ist dunkel mit einem breiten, gelblich roten Mittelband, der rötliche Hinterleib trägt mehrere Winkelflecken. Die Beine sind unregelmäßig geringelt.
Vorkommen An trockenen, sonnigen Waldrändern, auch auf sonnigen Waldlichtungen. Weit verbreitet und ziemlich häufig.
Wissenswertes Diese kleine Wolfsspinne ist ein Tagtier, das gern auf offenen, besonnten, nicht zu dicht bewachsenen Stellen herumläuft. Wie fast alle Wolfsspinnen spinnt sie kein Netz, sondern jagt frei am Boden laufend. Mindestens die tagaktiven Arten spüren ihre Beute, beispielsweise Fliegen, Käfer, kleine Heuschrecken, mithilfe des Gesichtssinnes auf, und tatsächlich sehen die Wolfsspinnen recht gut, was man leicht durch Handbewegungen oder Schattenwurf prüfen kann. Dafür sind wohl besonders die recht großen hinteren Mittel- und Seitenaugen verantwortlich. Allerdings ist das Sehvermögen selbst dieser Spinnen keineswegs mit dem der meisten Insekten vergleichbar.

Wolfsspinne
Alopecosa cuneata

> Hinterleib mit Spießfleck
> Männchen: verdickte Schienen
> kurze Wohnröhren

Merkmale Ebenfalls eine relativ kleine Wolfsspinne, das Weibchen wird bis gut 8 mm lang. Die Spinne ist leicht an dem charakteristischen, gelb eingefassten Spießfleck an der Basis des Hinterleibs erkennbar. Beim Männchen sind die Schienen des ersten Beinpaares auffällig verdickt und schwarz.
Vorkommen An trockenen, sonnigen Wald- und Wegrändern, auch auf sandigen Trockenrasen. Weit verbreitet und recht häufig.
Wissenswertes Diese Art bewohnt kurze Röhren im Boden, bevorzugt auf Sandgrund. Die auffällig gefärbten und verdickten Vorderschienen spielen bei der Balz eine Rolle, bei der sich die Männchen den Weibchen mit hoch erhobenen Vorderbeinen präsentieren. Da alle Wolfsspinnen Räuber sind und ohne Weiteres ihre Artgenossen verspeisen, sind solche Balzrituale wichtig, um die durchweg größeren und stärkeren Weibchen paarungsbereit zu machen und ihnen zu signalisieren, dass es nicht ums Fressen geht.

Feenlämpchenspinne

Agroeca brunnea

> rötliche Färbung
> gestielter Kokon
> kein Wohnsack

Merkmale Eine bis etwa 9 mm lange, in die nähere Verwandtschaft der Sackspinnen gehörige Spinne, die ihren Namen nach ihrem auffälligen, an Pflanzen aufgehängten Eikokon erhalten hat. Die rötliche Spinne trägt auf dem Hinterleib mehrere schmale, etwa w-förmige Streifen.
Vorkommen An und in Wäldern, auf Wiesen, Ödländern, Trockenrasen, aber auch in relativ feuchten Lebensräumen. Weit verbreitet und häufig.
Wissenswertes Nur direkt nach dem Bau des Eikokons ist dieser – auch »Feenlämpchen« genannt – so schön weiß gefärbt (siehe kleine Abbildung, denn in der nächsten Nacht verkleidet die Spinne den Kokon mit Erde oder Lehm. Man findet die Lämpchen im Spätsommer mit einem Stiel an niedrige Pflanzen angeheftet. Der Kokon besteht aus zwei Etagen, oben befinden sich die Eier, im unteren Stock halten sich die Jungspinnen nach dem Schlüpfen auf. Die Spinne selbst verbirgt sich unter Steinen oder im Moos, allerdings ohne einen Gespinstsack zu bauen, und streift nachts auf der Nahrungssuche am Boden herum.

Grüne Huschspinne

Micrommata virescens

> grüner Vorderkörper
> Männchen mit rotem Mittelstreif
> auf grünen Pflanzen

Merkmale Eine große, bis zu 15 mm messende, langbeinige, grüne Spinne, bei uns die einzige Vertreterin einer vorwiegend tropischen Familie, die in den Tropen erstaunlich große und sehr langbeinige Vertreter hervorbringt, die sogenannten »Bananenspinnen«. Das Männchen fällt durch seinen weißlichgelben Hinterleib mit dem leuchtend roten Mittelstreif auf, das Weibchen ist unscheinbarer gefärbt und hat einen grünlichen, kaum gestreiften Hinterleib.
Vorkommen An warmen Waldrändern und auf buschreichen Trockenrasen. Vor allem im Süden nicht selten.
Wissenswertes Eine sehr rasche, tagaktive, frei jagende Spinne, die in der Vegetation nur sehr schwer zu entdecken ist. Das Weibchen errichtet für die Eiablage eine aus versponnenen Blättern bestehende Eikammer dicht über dem Boden, in die es die gleichfalls grün gefärbten Eier ablegt.

Springspinne
Heliophanes muscorum

> kupferfarben
> an Lesesteinhaufen
> Überwinterung im Gespinstsack

Merkmale Diese mittelgroße, als Weibchen bis zu 7 mm lange Springspinne fällt durch ihren kupferglänzenden Vorderkörper auf. Der Hinterleib ist ebenfalls grünlich oder kupferfarben mit einem weißen Randstreif und zwei weißen Punkten. Die schwarzen Beine sind beim Männchen weiß längs gestreift.
Vorkommen An trockenen, sonnigen Stellen, auf steinigen Trockenrasen und Ödländern, auch an Wegrändern oder an Lesesteinhaufen am Rand von Feldern.
Wissenswertes Die Spinne wohnt und überwintert in Gespinstsäcken unter Steinen.

Springspinne
Marpissa muscosa

> Männchen kontrastreich gefärbt
> an Waldrändern
> auf niedrigen Pflanzen

Merkmale Das Männchen dieser mittelgroßen, bis zu 8 mm langen Springspinne hat einen auffällig gezeichneten Vorderkörper: Die vordere Hälfte ist grau, die hintere schwarz, aber mit einem stark kontrastierenden weißen Seitenstreif. Das Weibchen ist viel unscheinbarer gefärbt.
Vorkommen An sonnigen Waldrändern und auf Waldlichtungen. Überall häufig.
Wissenswertes Diese Spinne findet man meist auf niedriger Vegetation, wo sie geschickt herumspringt. Besonders im späten Frühjahr ist sie an Waldwegen häufig zu beobachten.

Springspinne
Evarcha falcata

> große, gesprenkelte Art
> geringelte Beine
> an Holzstrukturen

Merkmale Mit bis zu 11 mm Länge eine der größten einheimischen Springspinnen. Oberseite auf bräunlichem Grund hell gesprenkelt, unterhalb der Augen mit auffälligem gelben Querstreif, mit eng geringelten Beinen.
Vorkommen An Waldrändern, an Weidezäunen und Holzverkleidungen. Weit verbreitet und recht häufig.
Wissenswertes Die Spinne hält sich vorzugsweise an Holzstrukturen auf und spinnt sich ihren Wohnsack in Spalten und Ritzen. Bei dichter Besiedlung wird die Rangordnung durch Über- und Unterlegenheitsgesten ausgefochten.

Finsterspinne
Amaurobius fenestralis

> Hinterleib vorn mit dunklem Fleck
> Netz mit Kräuselfäden
> unter Kiefernrinde

Merkmale Eine mittelgroße, etwa 8 mm lange, vorn rotbraun gefärbte Spinne, die an der Basis des rötlichen Hinterleibs einen hinten erweiterten dunklen Fleck trägt.
Vorkommen In Wäldern, vor allem in Kiefernwäldern. Überall häufig.
Wissenswertes Das Trichternetz dieser Spinne ist mit Kräuselwolle belegt und befindet sich meist auf der losen Borke abgestorbener Bäume oder an Felsen. Von der Mitte aus führt eine Röhre zum Schlupfwinkel unter der Rinde oder in Felsspalten. Darin wird auch der Eikokon abgelegt, der vom Weibchen bewacht wird.

Dreiecksspinne
Hyptiotes paradoxus

> gewölbter Hinterleib
> dreieckiges Netz
> Signalfaden

Merkmale Die bis zu 6 mm lange Spinne ist leicht kenntlich an dem hohen, buckligen Hinterleib. Die Färbung ist außerordentlich variabel.
Vorkommen Fast ausschließlich in Fichtenwäldern, an den unteren Zweigen. Mit der Ausbreitung der Fichtenwälder inzwischen ziemlich häufig geworden.
Wissenswertes Der Name dieser Kräuselradnetzspinne bezieht sich auf das dreieckige Netz, das nur aus drei Sektoren besteht und von der Spinne an einem Signalfaden gehalten wird. Die Spinne selbst bildet mit einem weiteren Faden eine Brücke zwischen Netz und einem Zweig.

Fischernetzspinne
Segestria senocula

> sechs Augen
> dunkler Kettenstreifen
> Trichterschlauch mit Signalfäden

Merkmale Die Färbung der bis zu 10 mm langen Spinne ist charakteristisch: Vorderkörper rotbraun, Hinterleib hellgrau mit einer Kette miteinander verbundener dunkler Flecke auf der Mitte.
Vorkommen In Wäldern, vor allem an Kiefern, auch in Felsnischen.
Wissenswertes Die nur sechs Augen besitzende Spinne spinnt einen bis 5 cm langen Schlauch in der Rinde oder in Felsspalten, mit einem offenen Trichter am Ende, von dem aus schwer sichtbare Signalfäden ausstrahlen. Nachts lauert die Spinne an der Trichtermündung.

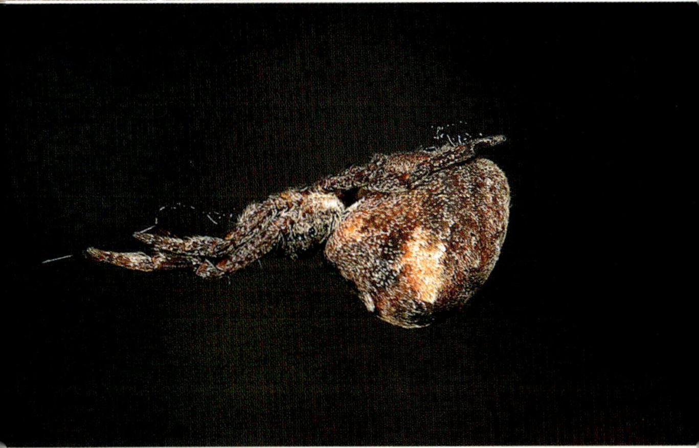

Kugelspinne
Achaearanea tepidariorum

> Hinterleib höher als lang
> Einwanderer aus den Tropen
> Fadenteppich mit Fangfäden

Merkmale Eine der größten Kugelspinnen bei uns, das Weibchen wird bis zu 7 mm lang. Der Hinterkörper ist sehr kugelig, höher als lang, hellgrau oder gelblich mit dunklen Flecken, die Beine sind geringelt.
Vorkommen In Wäldern an Baumstämmen, aber auch an Mauern und in beheizten Gebäuden.
Wissenswertes Diese Spinne stammt ursprünglich aus den Tropen und breitet sich bei uns anscheinend rasch aus. Von dem recht großen, locker teppichartigen Netz hängen am Ende mit Klebetröpfchen besetzte Fangfäden herab..

Baldachinspinne
Drapetisca socialis

> Tarnfärbung
> an Buchen
> unscheinbarer Netzteppich

Merkmale Eine kleine, bis zu 4 mm lange Spinne mit deutlich geringelten Beinen. Vorderkörper mit dunklem Rand und dunklen Mittel- und Seitenflecken, Hinterleib in der Mitte dunkel, seitlich weißlich.
Vorkommen Vor allem in Buchenwäldern. Überall häufig.
Wissenswertes Man findet die Spinne überwiegend an Bäumen mit glatter Rinde, sie ist aber infolge ihrer gesprenkelten Tarnfärbung nur schwer zu erkennen. Das sehr kleine, unscheinbare Netz ist eine teppichartige Struktur, die der Rinde dicht anliegt. Bei Gefahr flieht die Spinne eilig auf die andere Seite des Baumes.

Baldachinspinne
Floronia bucculenta

> dreieckiger Hinterleib
> Männchen: Kopf erhöht, behaart
> in feuchten Wäldern

Merkmale Die bis zu 5 mm lange Spinne fällt durch den hohen dreieckigen Hinterleib auf, das Männchen auch durch den bucklig erhöhten, behaarten Kopf. Der Vorderkörper ist rötlich mit dunklen Seitenstreifen, der Hinterleib ist weißlich gesprenkelt.
Vorkommen In feuchten Wäldern, gern in Auwäldern, in der Krautschicht. Recht häufig.
Wissenswertes Das teppichartige Fangnetz liegt in bodennaher Vegetation, weist aber keine Stolperfäden auf. Wie die meisten Baldachinspinnen hängt die Spinne bauchoben unter dem Netz und ist durch ihre »Verkehrtfärbung« gut getarnt.

Zwergspinne
Walckenaera acuminata

> rot-schwarze Färbung
> Männchen mit Kopffortsatz
> Winterart

Merkmale Mit bis zu 3,5 mm Länge eine der größten Zwergspinnen. Färbung: Vorderkörper rotbraun, Hinterleib schwärzlich, Beine rötlich. Die Männchen besitzen einen seltsamen, stielförmigen Kopffortsatz, der in der Mitte und an der Spitze jeweils vier Augen trägt. Die Weibchen haben nur einen niedrigen, kegelförmigen Augenhügel.
Vorkommen In Wäldern, in bodennaher Vegetation und in der Bodenstreu. Überall ziemlich häufig.
Wissenswertes Über die Bedeutung der eigenartigen, von Art zu Art unterschiedlichen Kopffortsätze der Männchen weiß man nichts. Bei anderen Zwergspinnen wurde allerdings beobachtet, dass solche Fortsätze bei der Paarung als »Griff« benutzt werden, an dem sich das Weibchen mit seinen Chelicerenklauen festhält bzw. einhakt. Die Spinne lebt in der Bodenstreu und ist eine Herbst- und Winterart, die man an sonnigen Tagen selbst auf Schnee herumlaufen sieht. Möglicherweise jagt sie dort Springschwänze, wie etwa den »Schneefloh«, der zuweilen in Massen auf Schneeflächen auftritt.

Dickkieferspinne
Pachygnatha listeri

> kurzer Hinterleib
> nur Jungtiere mit Netz
> in feuchten Wäldern

Merkmale Eine kleine, nur bis zu 5 mm lange Streckerspinne mit kurzem Hinterleib. Vorderkörper und Beine sind rotbraun, der Vorderkörper mit dunklem Mittelstreif, die Cheliceren sind glänzend schwarz. Der Hinterleib trägt ein deutliches, wellenförmiges Blattmuster.
Vorkommen In feuchten, schattigen Wäldern, auf niedrigen Kräutern, ziemlich häufig.
Wissenswertes Bei den Streckerspinnen dieser Gattung bauen nur die frisch geschlüpften Jungtiere dicht am Erdboden Radnetze, die älteren Jungtiere und die Erwachsenen jagen frei auf niedriger Vegetation, aber auch auf dem Erdboden. Wie bei allen Streckerspinnen hält das Männchen bei der Paarung die langen, gefährlichen Cheliceren des Weibchens fest, um sich vor ihnen zu schützen. Bei dieser Art ergreift das Männchen mit seinen Cheliceren von oben her das Grundglied der Cheliceren des Weibchens und klemmt es sozusagen ein.

Gehörnte Kreuzspinne

Araneus angulatus

> sehr groß
> Hinterleib seitlich gehöckert
> in Kiefernwäldern

Merkmale Mit bis zu 18 mm Länge eine der größten einheimischen Kreuzspinnen. Leicht an dem seitlichen Höcker am Hinterleib zu erkennen. Färbung sehr variabel, mit mehreren hellen Flecken, aber niemals mit einer deutlichen Kreuzzeichnung.
Vorkommen In lichten Wäldern, auf Waldlichtungen, an Waldwegen, besonders in Kiefernwäldern. Nach der Roten Liste gefährdet.
Wissenswertes Das Netz hängt immer an einem langen Brückenfaden zwischen zwei Bäumen oder Sträuchern, an dessen Ende auch die nachtaktive Spinne sitzt.

Radnetzspinne

Atea triguttata

> breiter Hinterleib
> rötliche Färbung
> in Wärmegebieten

Merkmale Eine der kleineren Radnetzspinnen, das Weibchen bis zu 6 mm lang, erkennbar an dem breiten Hinterleib und seiner rötlichen Färbung. Der Hinterleib vorn mit einer Linie weißlicher Punkte, hinten mit verwaschenen, dunklen Flecken.
Vorkommen In lichten Laubwäldern, auf Waldlichtungen, an Waldwegen. Nicht häufig und nur in wärmeren Gegenden.
Wissenswertes Das kleine Netz wird zwischen Zweigen von Bäumen und Büschen ausgespannt. Die Spinne wohnt und überwintert in einem zusammengerollten Blatt, von dem aus ein Signalfaden zum Netz führt. So bemerkt die Spinne auch die leichteste Erschütterung im Netz.

Konusspinne

Cyclosa conica

> konischer Hinterleib
> regelmäßiges Radnetz
> Stabiliment

Merkmale Der Hinterleib dieser mittelgroßen, etwa 7 mm langen Spinne ist oberseits in einen Höcker verlängert. Färbung sehr variabel, oft ganz dunkel oder mit ausgedehnter weißer Fleckung.
Vorkommen In Fichtenwäldern, auch an Waldwegen. Überall häufig.
Wissenswertes Das sehr regelmäßige, sektorenreiche Netz enthält in der Mitte ein dicht gesponnenes senkrechtes Band (Stabiliment, links), auf dem die Spinne gern sitzt und nicht leicht erkennbar ist. Bei Störungen versetzt sie das Netz in Schwingungen, sodass ihre Umrisse verschwimmen.

Spinnenfresser

Ero furcata

> Vorderbeine bestachelt
> Spinnenfresser
> brauner, hängender Kokon

Merkmale Eine kleine, bis zu 4 mm lange Spinne mit zwei rundlichen Höckern auf dem kugelförmigen Hinterleib. Vorder- und Hinterkörper sind vielfach gefleckt und die Beine sind geringelt. Die beiden vorderen Beinpaare sind außerdem auffallend bestachelt.
Vorkommen In Wäldern aller Art, aber bevorzugt in Nadelwäldern, auch an Waldrändern und auf buschreichen Heiden. Überall häufig.
Wissenswertes Ein hoch spezialisierter Spinnenfresser. Tagsüber sitzt die Spinne mit angezogenen Beinen auf Zweigen und ist dann kaum zu erkennen. Nachts nähert sie sich den Netzen von Kugelspinnen, zupft daran und beißt die sich nähernde und ein Beutetier vermutende Spinne blitzschnell in ein Bein. Das Gift wirkt sehr rasch und das Opfer kann ausgesaugt werden. Während die Spinne selbst nicht leicht zu finden ist, sind die braunen, an einem Faden an Zweigen aufgehängten Eikokons sehr auffällig. Die Stacheln an den Beinen dienen wahrscheinlich dem Schutz vor den Angriffen von Ameisen.

Trichterspinne

Tegenaria sylvestris

> gefleckte Oberseite
> in dunklen Wäldern
> Trichternetz am Waldboden

Merkmale Eine kleine Trichterspinne, deren Weibchen höchstens 9 mm lang werden. Die Färbung ist kontrastreich, hellbraun mit zahlreichen dunklen Flecken auf dem Hinterleib. Der Vorderkörper trägt einen in der Mitte eingeschnürten, hellen Mittelstreif. Die Beine sind geringelt.
Vorkommen In nicht zu lichten Wäldern, am Boden unter Steinen, Holz und Baumwurzeln, auch am Eingang von Höhlen. Vorzugsweise im Bergland. Im Gegensatz zu den meisten ihrer Gattungsgenossinnen nicht in Häusern.
Wissenswertes Das Trichternetz wird zwischen Steinen, an Wurzeln oder in der Bodenstreu angelegt und die Spinne hält sich tagsüber am Ende des Netzes in ihrer dicht gesponnenen Wohnröhre auf. Nachts kommt sie heraus, setzt sich auf das Netz und lauert dort auf kleine, am Boden herumlaufende Insekten, Asseln und Tausendfüßer, die sie anhand der verursachten Erschütterungen auf der Netzdecke sehr exakt lokalisieren kann.

Trichterspinne
Histopona torpida

> kleine Trichterspinne
> in Laub- und Nadelwäldern
> kleines Trichternetz am Boden

Merkmale Mit höchstens 7 mm Länge eine der kleinsten Trichterspinnen. Der Vorderkörper ist seitlich dunkelbraun, in der Mitte mit hellem Streifen, der Hinterkörper weist helle Winkelflecken auf dunkelbraunem Grund auf.
Vorkommen In Laub- und Nadelwäldern, am Boden unter Steinen und Wurzeln. Weit verbreitet und überall recht häufig.
Wissenswertes Das kleine, unscheinbare Trichternetz liegt am Boden, zwischen Steinen oder Baumwurzeln. Die Wohnröhre führt häufig unter Steine, weshalb die Spinne nicht leicht zu entdecken ist. Während der Paarungszeit im Sommer laufen die Männchen am Erdboden herum und suchen die Röhren der Weibchen auf. Das paarungsbereite Weibchen legt die Beine an und lässt sich vom Männchen zur Öffnung der Röhre zerren und bei der Paarung hin- und herwenden. Am Ende der Paarung, wenn das Weibchen aus seiner Starre erwacht, muss sich das Männchen allerdings schleunigst zurückziehen, damit es nicht vom Weibchen als Hochzeitsmahl verzehrt wird.

Trichterspinne
Coelotes terrestris

> untersetzt und kurzbeinig
> lange Wohnröhre
> Fütterung der Jungspinnen

Merkmale Eine auffallend untersetzte, kurzbeinige Trichterspinne. Das Weibchen wird bis zu 14 mm lang. Der Vorderkörper ist dunkel gefärbt, der Hinterleib dunkel grau oder braun mit undeutlichen helleren Winkelflecken.
Vorkommen In Laub- und Nadelwäldern, am Boden unter Steinen und Wurzeln. Weit verbreitet und überall sehr häufig.
Wissenswertes Eine der häufigsten Spinnen in Wäldern. Das kleine, kaum 5 cm messende Trichternetz liegt am Boden in Moospolstern oder zwischen Steinen oder Wurzeln und mündet in eine fingerdicke, bis zu 10 cm lange Röhre, die unter Steine oder tief ins Moos hinein führt. Den Tag verbringt die Spinne am Grund der Röhre, nachts sitzt sie am Eingang und lauert auf vorüberkommende Beute. An günstigen Stellen kann die Besiedlungsdichte recht hoch sein. Nach dem Schlüpfen werden die Jungspinnen vom Weibchen betreut und mit vorverdauter Nahrung gefüttert.

Trichterspinne

Textrix denticulata

> Vorderkörper mit Mittelstreif
> geringelte Beine
> an Baumstämmen

Merkmale Eine kleine, bis etwa 8 mm lange Trichterspinne, die in ihrer Form und Färbung an *Pardosa lugubris* erinnert, sich aber durch die langen Spinnwarzen unterscheidet. Vorderkörper mit hellem Mittelstreif, Hinterleib mit Winkelflecken, Beine gefleckt.
Vorkommen In Wäldern an Baumstämmen, auch auf besonnten Steinen und an Felsen. Verbreitet, aber nicht sehr häufig.
Wissenswertes Die Spinne fertigt ein kleines Trichternetz im Moos oder zwischen Steinen an, man kann sie aber auch frei herumlaufend antreffen.

Wanderspinne

Zora spinimana

> Vorderkörper mit zwei Streifen
> Vorderbeine bestachelt
> in feuchten Wäldern

Merkmale Eine kleine, mit den Sackspinnen verwandte, bis knapp 7 mm lange, gelbbraune Spinne, Vorderkörper mit zwei Längsstreifen, Hinterleib mit dunklen Punktreihen, die Beine sind gepunktet und zum Ende hin verdunkelt.
Vorkommen In feuchten Wäldern, auf Wiesen, im Moor, überall häufig.
Wissenswertes Dieses in Form und Zeichnung wolfsspinnenähnliche Tier jagt frei am Boden laufend. Nur die Augenstellung unterscheidet die Spinne von den Wolfsspinnen. Die stark bedornten beiden vorderen Beinpaare bilden einen Fangkorb, schützen die Spinne aber auch vor wehrhaften Beutetieren.

Wanderspinne

Zelotes subterraneus

> einfarbig schwarz
> nachtaktiv
> ruckartige Fortbewegung

Merkmale Die einfarbig schwarze, schlanke, bis zu 9 mm messende Spinne gehört zu einer artenreichen Gattung der Plattbauchspinnen, die im Feld kaum unterscheidbar sind.
Vorkommen In Wäldern, aber auch auf Wiesen und Ödländern, überall häufig.
Wissenswertes Die nachtaktive Spinne besitzt kein Fangnetz, sondern jagt aktiv am Boden. Tagsüber hält sie sich unter Steinen auf, allerdings ohne einen Gespinstsack anzufertigen. Ihre ruckartige Fortbewegung macht sie für Feinde schwer lokalisierbar.

Sackspinne
Clubiona corticalis

> große Art
> auffällig gefärbter Hinterleib
> Sack unter Kiefernrinde

Merkmale Mit bis zu 11 mm Länge die größte und zugleich die am auffälligsten gefärbte Art ihrer Gattung. Der Vorderkörper ist rotbraun, der dunkelgraue Hinterleib ist vorn gelb mit einem dunklen Spießfleck in der Mitte, dahinter mit Winkelflecken.
Vorkommen Vor allem in Nadelwäldern auf Sandboden. Verbreitet, aber nicht überall häufig.
Wissenswertes Die sehr dicht gesponnenen Gespinstsäcke dieser Spinne findet man, manchmal in großer Zahl, unter der lockeren Rinde abgestorbener Kiefern. Darin legen die Weibchen auch den Kokon ab und bewachen ihn.

Zartspinne
Anyphaena accentuata

> vier Dreiecksflecken
> in Laubwäldern
> Wohnröhre aus Blättern

Merkmale Die Färbung dieser bis etwa 9 mm langen Spinne variiert zwischen gelblich und dunkelbraun. Der Vorderkörper trägt zwei dunkle Längsbinden, Hinterleib und Beine sind gefleckt, unverkennbar sind die vier kurzen, dreieckigen, schwarzen Striche auf der Mitte des Hinterleibs.
Vorkommen In Laubwäldern an Bäumen. Häufig.
Wissenswertes Die nachtaktive Spinne lebt auf Bäumen, Sträuchern und Gebüsch und verbringt den Tag in einer aus Blättern versponnenen, beidseitig offenen Röhre, in der das Weibchen auch die Eier ablegt.

Wanzenspinne
Coriarachne depressa

> abgeflachter Körper
> Hinterleib mit weißen Linien
> unter Rinde von Nadelbäumen

Merkmale Leicht an ihrem wanzenartig abgeplatteten, etwas faltigen, mit bogenförmigen weißen Linien bedeckten Hinterleib zu erkennen. Die Spinne wird etwa 5 mm lang, der Vorderkörper ist beim Weibchen dunkelbraun, beim Männchen glänzend schwarz.
Vorkommen Vor allem in Nadelwäldern unter Rinde. Verbreitet, aber nicht überall häufig.
Wissenswertes Eine eigenartig gestaltete Krabbenspinne, die unter und auf der Rinde von Nadelbäumen auf Jagd geht. Dort ist sie mit ihrer Zeichnung und dem abgeplatteten Körper hervorragend getarnt.

Krabbenspinne
Ozyptila praticola

> auffallend gefleckt
> in Wäldern
> auch unter Rinde

Merkmale Eine kleine, nur bis zu 4 mm lange, lebhaft gezeichnete Krabbenspinne. Die Grundfarbe ist rötlich, der Vorderkörper ist seitlich dunkel, in der Mitte hell längs gestreift, der Hinterleib ist vielfach gefleckt, die Beine sind lebhaft gefleckt.
Vorkommen In Wäldern, auf Waldlichtungen, aber auch an ziemlich schattigen Stellen.
Wissenswertes Abweichend von den anderen Arten dieser Gattung nicht nur am Boden, sondern auch auf oder unter Rinde zu finden. Wegen der stark gesprenkelten Oberseite nicht leicht zu entdecken.

Krabbenspinne
Diaea dorsata

> grüner Vorderkörper
> auf Blättern
> Männchen mit Kommentkampf

Merkmale Vorderkörper und Beine dieser bis etwa 5 mm langen Art sind grün, der Hinterleib ist seitlich weißlich, mit einer bräunlichen, wiederum weiß gefleckten Blattzeichnung in der Mitte.
Vorkommen Vor allem in Laubwäldern, auch an Waldrändern. Überall sehr häufig.
Wissenswertes Auf Blättern von Bäumen und Sträuchern sitzend, ist diese Art wegen ihrer Färbung kaum zu entdecken. Im Winter häufig unter der Rinde abgestorbener Bäume. Die Männchen führen Kommentkämpfe aus, wobei sie sich gegenübersitzen und vor und zurück stoßen.

Springspinne
Pseudeuophrys callida

> scheckige Färbung
> Palpen weiß
> vornehmlich unter Rinde

Merkmale Eine kleine, bis zu 5 mm lange Springspinne mit auffällig scheckig behaartem Körper und geringelten Beinen. Die Grundfarbe des Männchens ist schwarz, die des Weibchens bräunlich. Beim Weibchen sind die Pedipalpen rein weiß, beim Männchen nur am Ende.
Vorkommen In Wäldern und an Waldrändern, an und unter Rinde, auch unter Steinen. Weit verbreitet, aber nicht häufig.
Wissenswertes Mit ihrer scheckigen Färbung ist diese kleine Spinne bestens an das Leben an und unter Rinde angepasst.

Zwergspinne

Hypomma bituberculatum

> Färbung rot-schwarz
> Kopf mit Auswüchsen
> an Ufern

Merkmale Vorderkörper und Beine dieser bis zu 3 mm langen Zwergspinne sind rötlich, der Hinterleib ist schwarz. Beim Männchen trägt der Kopf zwei gewölbte Buckel mit jeweils einem Schlitz seitlich darunter, der Kopf des Weibchens ist rundlich.

Vorkommen Am Ufer stehender oder fließender Gewässer, in der Bodenstreu und auf niedrigen Pflanzen. Überall häufig.

Wissenswertes Bei dieser Zwergspinne konnte man die Bedeutung der seltsamen Kopfauswüchse des Männchens klären. Bei der Paarung, bei der sich die Partner gegenüberstehen, hakt sich nämlich das Weibchen mit seinen Chelicerenklauen in die seitlichen Schlitze unterhalb der Auswüchse des Männchens ein, während das Männchen mit seinem Taster das Weibchen begattet. Die Eier werden gern auf Pflanzen abgelegt, zum Beispiel auf Schilfhalmen oder Blättern. Das kleine Netz liegt meist in der Bodenstreu zwischen Halmen. Darin werden vor allem bodennah lebende Kleininsekten, wie Springschwänze und kleine Mücken, gefangen.

Radnetzspinne

Araneus alsine

> orangeroter Hinterleib
> Spinne in tütenförmigen Blättern
> auf Feuchtwiesen

Merkmale Vielleicht die schönste einheimische Radnetzspinne. Das Weibchen kann bis zu 15 mm lang werden, das Männchen ist kleiner. Der Vorderkörper ist einfarbig braun, der breite, rundliche Hinterleib aber leuchtend orangerot und mit zahlreichen weißen, ziemlich gleichmäßig verteilten Flecken versehen, eine Kreuzzeichnung ist höchstens angedeutet.

Vorkommen Auf Feuchtwiesen, an schattigen, feuchten Waldrändern. Weit verbreitet und nicht selten, aber schwer zu finden. Nach der Roten Liste gefährdet.

Wissenswertes Das kleine Netz ist immer dicht am Boden zwischen Gräsern gespannt und besteht meist nur aus etwa 20 Radien. Die Spinne verbirgt sich tagsüber in einem tütenförmig zusammengerollten Blatt, das in Bodennähe an Fäden aufgehängt ist. Daher findet man sie nur, wenn man auf solche anscheinend frei schwebende Blatttüten achtet. Von ihrem Unterschlupf aus steht die Spinne mit einem Signalfaden mit ihrem Netz in Verbindung.

Schilfradspinne
Larinioides cornutus

> auffälliges Hinterleibsmuster
> tagsüber im Versteck
> an Ufern

Merkmale Eine mittelgroße, bis 13 mm lange Kreuzspinne mit graubraunem Vorderkörper und einem langovalen, sehr variabel gefärbten, weißlichen bis rötlichen Hinterleib, der zwei in der Mitte unterbrochene, dunkle Streifen trägt.
Vorkommen An offenen, feuchten Stellen, gern an Ufern im Schilf oder Ried. Überall sehr häufig, allerdings nicht im höheren Bergland.
Wissenswertes Das aus meist weniger als 20 Radien bestehende Netz wird zwischen Gräsern, Schilfhalmen und in niedrigem Gebüsch angelegt. Die Spinne ist nachtaktiv und hält sich tagsüber in einem unten offenen, dicht gesponnenen Schlupfwinkel auf, der außen mit Pflanzenmaterial oder Beuteresten getarnt ist. Die Paarung findet, teils im Herbst, teils im Frühjahr auf einem vom Männchen gewebten Paarungsfaden statt. Daher findet man erwachsene Spinnen das ganze Jahr über. Offenbar wird bei dieser Art das Männchen nicht als Beute betrachtet, da es vor der Paarung längere Zeit mit dem Weibchen in seinem Versteck zusammenlebt.

Brückenkreuzspinne
Larinioides sclopetarius

> schmal hell gesäumtes Muster
> an Bauwerken am Ufer
> Netz über dem Wasser

Merkmale Etwa gleich groß und auch ähnlich geformt und gezeichnet wie die Schilfradspinne, der Körper ist aber etwas flacher und insgesamt dunkler gefärbt. Der Vorderkörper ist dunkelgrau oder dunkelbraun mit auffälliger, heller, v-förmiger Behaarung, die dunkle Zeichnung auf dem Hinterleib ist schmal hell gesäumt.
Vorkommen An Brücken und Gebäuden, die unmittelbar am Ufer von Fließgewässern stehen, auch an Felsen. Ziemlich häufig.
Wissenswertes Das recht große Radnetz wird häufig direkt über dem Wasser ausgespannt, etwa unter Brückenbögen oder über das Wasser ragenden Balkonen, bevorzugt jedoch in der Nähe von Lichtquellen, weil diese nachts Insekten anlocken. Die nachtaktive Spinne verbringt den Tag versteckt in einer Mauerspalte. Von dieser Art sind die Weibchen fast das ganze Jahr über zu finden, die Männchen vor allem im Sommer.

Glanzspinne

Singa hamata

> auffälliges Hinterleibsmuster
> langovaler Hinterleib
> auf Feuchtwiesen

Merkmale Eine kleine, bis zu 6 mm lange Radnetzspinne mit langovalem Hinterleib, mit zwei dunklen Längsbinden, die mehrfach durch weiße Streifen unterbrochen sind.
Vorkommen An offenen, feuchten Stellen, auf Feuchtwiesen und in Mooren und feuchten Heidegebieten. Nicht selten.
Wissenswertes Das kleine Radnetz wird knapp über dem Boden zwischen Grashalmen angelegt, doch die nachtaktive Spinne hält sich tagsüber in einem dicht ausgesponnenen Schlupfwinkel in der Nähe auf, wo auch die Eier abgelegt werden.

Glanzspinne

Hyposinga heri

> ununterbrochene Längsbinden
> im Schilf am Wasser
> an warmen Stellen

Merkmale Eine etwas kleinere, nicht so lang gestreckte Art mit oberseits gelblichem, orangerotem oder rotem Hinterleib und zwei nicht unterbrochenen Längsbinden.
Vorkommen Im Schilfgürtel von Gewässern, auch auf sehr feuchten Wiesen. Nicht häufig und nur an warmen Stellen. Nach der Roten Liste gefährdet.
Wissenswertes Das kleine Radnetz wird dicht am Wasser oder sogar über der freien Wasserfläche zwischen Schilfhalmen oder Riedgräsern ausgespannt. Es dient wohl dem Fang frisch geschlüpfter Insekten. Die nachtaktive Spinne verbirgt sich tagsüber in einem Versteck in der Nähe des Netzes.

Zwergkreuzspinne

Theridiosoma gemmosum

> winzig
> am Ufer großer Flüsse
> bewegliches Fangnetz

Merkmale Ein winziges Tier von höchstens 2 mm Länge. Vorderkörper hellbraun mit schwarzer Zeichnung, der extrem kugelförmige Hinterleib braun mit zahlreichen silbrigen Flecken, er erscheint überwiegend hell.
Vorkommen An schattigen, dicht bewachsenen Ufern, besonders an den Flüssen Süddeutschlands. Wahrscheinlich aus Nordamerika eingeschleppt.
Wissenswertes Das kleine Radnetz wird von der Spinne mit einem Signalfaden gehalten, der bei Berührung des Netzes durch ein Beutetier losgelassen wird, sodass sich das Netz über die Beute stülpt.

Gemeine Streckerspinne

Tetragnatha extensa

> langer, schmaler Hinterleib
> an sonnigen Ufern
> Radnetz mit offener Nabe

Merkmale Mit bis zu 12 mm Länge eine große Streckerspinne. Vorderkörper und Beine rötlich braun, Hinterleib gelbgrün, glänzend, in der Mitte mit einem aus dünnen Strichen bestehenden marmorierten Muster. Körper und Beine sehr lang gestreckt.
Vorkommen An besonnten Stellen, in Ufernähe verschiedener Gewässer. Überall häufig.
Wissenswertes Die Spinne baut ein Radnetz aus relativ wenigen Sektoren und mit offener Nabe, das oft schräg oder sogar fast horizontal unmittelbar über dem Wasser ausgespannt ist und als Falle für schlüpfende Wasserinsekten dient.

Streckerspinne

Tetragnatha montana

> lange, schräge Cheliceren
> sehr lange Beine
> an schattigen Ufern

Merkmale Etwas kleiner und etwas dunkler gefärbt als die vorhergehende Art. Cheliceren wie bei jener sehr lang und schräg nach außen gerichtet.
Vorkommen An schattigen Ufern, in Auwäldern, im Gebüsch. Überall häufig und nicht selten gemeinsam mit *T. extensa*, dann aber an schattigen Stellen.
Wissenswertes In der Ruhe sitzen Streckerspinnen mit nach vorn und hinten gerichteten Beinen an einem Halm oder auf einem Blatt und sind dann vorzüglich getarnt. Bei der Paarung ergreift das Männchen mit den Cheliceren die des Weibchens und klemmt sie ein.

Dickkieferspinne

Pachygnatha clercki

> rundlicher Hinterleib
> kein Radnetz
> an Ufern

Merkmale Mit bis fast 7 mm Länge die größte Art ihrer Gattung. Vorderkörper hellbraun mit dunklem Mittelstreif, Hinterleib mit dunkler, marmorierter Blattzeichnung, in der Mitte hell.
Vorkommen An Ufern, in Auwäldern. Überall häufig.
Wissenswertes Im Gegensatz zu den Streckerspinnen haben die Dickkieferspinnen kein Radnetz, sondern jagen frei in niedriger Vegetation. Bei der Paarung klemmt auch hier das Männchen die Cheliceren des Weibchens ein und benutzt dazu einen kurzen Fortsatz am Grundglied der eigenen Chelicere.

Wasserspinne

Argyroneta aquatica

> physikalische Kieme
> Taucherglocke unter Wasser
> in Moorgewässern

Merkmale Bei dieser Spinne wird das Männchen mit bis zu 15 mm Länge deutlich größer als das Weibchen, das höchstens 9 mm lang ist. Die Spinne ist dunkelbraun oder fast schwarz, der Hinterleib ist grau behaart. Beim Weibchen ist der ganze Hinterleib, beim Männchen nur die Unterseite mit einer silbrig glänzenden Luftschicht überzogen.

Vorkommen In flachen, dicht bewachsenen Gewässern, besonders in Moortümpeln und aufgelassenen Torfstichen. Im Norden häufiger als im Süden, jedoch nach der Roten Liste stark gefährdet und gesetzlich geschützt.

Wissenswertes Als reines Wassertier ist die Wasserspinne auf einen Luftvorrat angewiesen, den sie an ihrem dichten Haarpelz am Hinterleib speichert. Um frische, sauerstoffreiche Luft zu tanken, lässt sie sich bauchoben an die Wasseroberfläche treiben und füllt ihre sogenannte »physikalische Kieme« mit frischer Luft. Eine Besonderheit dieser Art stellt auch die luftgefüllte Taucherglocke unter Wasser dar, die der Spinne als Wohnraum dient. Dafür webt sie zunächst eine dichte Fadendecke, lässt diese dann zur Wasseroberfläche treiben, an der sie durch Strecken der Hinterbeine Luft einfängt. Diese Luftblase gibt sie unter der Fadendecke ab und nach mehrmaliger Wiederholung dieses Vorgangs zieht sie die gefüllte Glocke dann wieder unter Wasser und verstärkt sie mit weiteren Gespinstlagen. Natürlich muss der Luftvorrat in der Glocke immer wieder erneuert werden. Dafür muss die Spinne jeweils mehrfach zur Wasseroberfläche emporsteigen und Luft tanken. Da warmes Wasser weniger Sauerstoff enthält, bevorzugt die Wasserspinne kaltes, sauerstoffreiches Wasser. Sicher ist diese Lebensweise für ein Luft atmendes Tier sehr aufwendig, jedoch hat die Wasserspinne dadurch einen Lebensraum erobert, der fast allen anderen Spinnen verschlossen bleibt. Dieser bietet einerseits ein reichhaltiges Beutespektrum an Kleinkrebsen, Insektenlarven und sogar Jungfischen, andererseits aber auch den Schutz vor Fressfeinden wie Vögeln, Kleinsäugern und sonstigen terrestrischen Räubern. Die Glocke bietet zudem noch einen Schutz vor Feinden im Wasser. Es ist sehr schade, dass diese hochinteressante Art durch die weitgehende Zerstörung unserer Moorgebiete so selten geworden ist.

Wolfsspinne

Pirata piraticus

> Vorderkörper: gegabelter Streif
> an Ufern
> flüchtet aufs Wasser

Merkmale Eine mittelgroße, bis zu 9 mm große Wolfsspinne, gut erkennbar an dem deutlich gegabelten hellen Streif auf dem Vorderkörper. Der Hinterleib trägt vorn einen hell umrandeten v-förmigen Fleck, dahinter zwei weiße Punktreihen.
Vorkommen An Gewässerufern, bevorzugt an offenen, nicht zu stark beschatteten Stellen. Überall häufig.
Wissenswertes Die Spinne lebt nur in unmittelbarer Ufernähe und flüchtet bei Gefahr gern aufs Wasser, auf dessen Oberflächenhäutchen sie sich geschwind fortbewegen kann, weil die langen Beine ihr Gewicht auf eine große Fläche verteilen.

Wolfsspinne

Pirata latitans

> kleine Art
> sehr dunkle Färbung
> jagt auf dem Wasser

Merkmale Eine der kleinsten einheimischen Wolfsspinnen, denn sie wird höchstens 5 mm lang. Sie ist sehr dunkel gefärbt und oft sind von der Zeichnung nur die hellen Punkte auf dem Hinterleib zu erkennen.
Vorkommen An offenen Gewässerufern, aber auch auf feuchten Wiesen. Häufig und oft mit der vorhergehenden Art zusammen vorkommend.
Wissenswertes Auch diese kleine Spinne kommt bevorzugt an Ufern vor. Sie wagt sich weit auf die Wasserfläche hinaus und fängt manchmal Beutetiere, etwa Insektenlarven oder schlüpfende Insekten, sogar direkt aus dem Wasser.

Wolfsspinne

Pardosa wagleri

> Männchen schwarz
> Weibchen hell, gesprenkelt
> auf Schotterbänken

Merkmale Mit bis zu 8 mm Länge der Weibchen eine mittelgroße Wolfsspinne. Das Männchen ist fast einheitlich schwarz, mit hellbraunen Beinen, das Weibchen ist hellgrau oder gelblich, oberseits etwas marmoriert und besitzt deutlich gefleckte Beine.
Vorkommen Auf Schotterbänken der von den Alpen kommenden Flüsse, im Gebirge bis in etwa 1500 m Höhe. Nach der Roten Liste gefährdet.
Wissenswertes Eine Spezialistin der vegetationsarmen Schotterbänke, auf denen zumindest die Weibchen mit ihrer gesprenkelten Färbung hervorragend getarnt sind.

Wolfsspinne

Hygrolycosa rubrofasciata

> Sexualdimorphismus
> auf Sumpfwiesen
> balzende Männchen trommeln

Merkmale Eine ziemlich kleine, bis zu 6 mm lange Wolfsspinne mit ausgeprägtem Sexualdimorphismus. Beim Männchen (siehe kleine Abbildung) ist der Vorderkörper fast schwarz, der braune Hinterleib trägt mehrere in Flecken aufgelöste helle Querstreifen und die Beine sind in der basalen Hälfte schwarz, am Ende rotbraun. Beim viel heller gefärbten Weibchen (siehe große Abbildung) trägt der Vorderkörper zwei deutliche dunkle Längsstreifen, der Hinterleib gleicht in der Zeichnung dem des Männchens, ist aber viel heller; der basale Teil der Beine ist auffällig gesprenkelt, der Endteil wie beim Männchen rotbraun.
Vorkommen In feuchten Wäldern und auf Sumpfwiesen, auch an Kleingewässern. Im Norden häufiger als im Süden. Nach der Roten Liste gefährdet.
Wissenswertes Diese Spinne lebt im feuchten Moos, auch am Rand kleiner Gewässer. Die Balz der Männchen ist interessant, weil sie dabei ein trommelndes Geräusch verursachen, indem sie mit dem Hinterleib auf einen Resonanzkörper schlagen, etwa auf ein trockenes Blatt.

Wolfsspinne

Arctosa cinerea

> sehr große Spinne
> auf Schotterbänken
> in tiefen Wohnröhren

Merkmale Eine der größten deutschen Wolfsspinnen, denn das Weibchen wird bis zu 17 mm lang. Die Färbung ist hellgrau mit verwaschener Zeichnung, die Beine sind auffallend geringelt.
Vorkommen Auf Sand- und Kiesbänken der Fluss- und Seeufer. Heute nur noch auf Schotterbänken der Alpenflüsse und möglicherweise noch an einigen Stellen in Nordostdeutschland. Nach der Roten Liste vom Aussterben bedroht, gesetzlich geschützt.
Wissenswertes Heute gibt es diese große, früher weiter verbreitete Spinne fast nur noch an ungestörten Alpenflüssen, wo sie solche Schotterbänke besiedelt, die gerade noch so oft überflutet werden, dass sich kein Pflanzenwuchs halten kann. Dort bewohnt sie bis zu 20 cm tiefe Löcher, in denen sie auch Überflutungen mithilfe eines Luftvorrates überdauern kann. Bei der Jagd lauert die Spinne meist am Eingang ihrer Röhre auf vorüberkommende Beutetiere, darunter auch recht große und wehrhafte.

Gerandete Jagdspinne
Dolomedes fimbriatus

> große, schnelle Spinne
> heller Randstreif
> an und auf dem Wasser

Merkmale Eine der größten deutschen Spinnen, denn das Weibchen kann über 2 cm lang werden. Sie ist an dem auffälligen weißen Randstreifen an Vorder- und Hinterkörper leicht erkennbar.
Vorkommen Am Ufer stehender oder langsam fließender Gewässer, auch in Mooren und Bruchwäldern. Verbreitet, aber heutzutage selten. Nach der Roten Liste gefährdet, gesetzlich geschützt.
Wissenswertes Die Spinne lebt unmittelbar an Gewässerrändern, läuft aber auch geschickt auf der Wasseroberfläche, ohne einzusinken, und fängt von dort aus oder tauchend nicht nur Insekten und Kaulquappen, sondern sogar größere Tiere wie kleine Frösche und Fische bis zu Stichlingsgröße. Diese greift sie mit den Beinen und tötet sie durch einen raschen Giftbiss. Sehr große Beutetiere werden aber nur vom Weibchen kurz vor der Eiablage überwältigt. Der bis zu 1 cm messende Eikokon wird vom Weibchen an den Cheliceren transportiert. Die Jungspinnen überwintern in einiger Entfernung vom Gewässer.

Jagdspinne
Dolomedes plantarius

> Randstreif undeutlich
> im Alpenvorland
> taucht bis zu einer Stunde

Merkmale Diese sehr seltene Art kann sogar noch größer als die vorige werden, die Weibchen erreichen bis zu 25 mm Länge. Die Körperform ist gleich, doch sind die hellen Seitenstreifen meist recht undeutlich.
Vorkommen Am Ufer stehender oder langsam fließender Gewässer, aber bisher nur von sehr wenigen Fundorten im Alpenvorland sicher gemeldet. Möglicherweise häufiger. Nach der Roten Liste vom Aussterben bedroht und daher gesetzlich geschützt.
Wissenswertes Die scheue Spinne ist noch mehr ans Wasser gebunden als ihre Verwandte. Sie hält sich oft auf dem Wasser, auf Schwimmblättern oder an Schilfhalmen auf und flieht bei Störung ins Wasser, wo sie sich an Halmen festklammert. Dabei nimmt sie einen Luftvorrat mit, der es ihr ermöglicht, bis zu einer Stunde untergetaucht zu bleiben. Andererseits ist sie durch den silbrigen Luftüberzug auch bestens getarnt. Möglicherweise entgeht sie daher den meisten Beobachtern und gilt als seltener, als sie in Wirklichkeit ist.

Sackspinne
Clubiona stagnatilis

> in Sumpfwiesen
> Versteck: geknicktes Schilfblatt
> Nachttier

Merkmale Eine bis zu 9 mm lange, mittelgroße Sackspinne. Der Vorderkörper ist hellbraun, mit kontrastierend schwarzen Cheliceren, der Hinterleib ist graubraun behaart.
Vorkommen Auf Sumpfwiesen, im Schilfgürtel von Gewässern. Lokal nicht selten, aber nach der Roten Liste gefährdet.
Wissenswertes Das Versteck dieser nachtaktiven Spinne ist einzigartig. Bei seiner Konstruktion knickt sie ein Schilfblatt zweimal um und kleidet den Innenraum mit Gespinstfäden aus (siehe kleine Abbildung). Darin befinden sich auch der Kokon und die Jungspinnen nach dem Schlüpfen.

Springspinne
Sitticus floricola

> Hinterleib weiß gefleckt
> in Sumpfwiesen
> Wohngespinst an Binsen

Merkmale Eine mittelgroße, bis zu 7 mm lange, gedrungene Springspinne, bei denen die Männchen dunkler gefärbt sind als die Weibchen. Der Vorderkörper ist vorn und seitlich hell gerandet und trägt eine helle Mittelbinde, am Hinterleib fallen zwei weiße Flecken auf. Die Beine sind geringelt.
Vorkommen Auf Sumpfwiesen, in Mooren und am Ufer von Tümpeln. Weit verbreitet und meist häufig.
Wissenswertes Das Wohngespinst findet sich in Blüten und Fruchtständen von Binsen und Gräsern, gern am Wollgras, wo es seiner Färbung wegen gut getarnt ist.

Springspinne
Marpissa radiata

> Kopf mit hellem Querband
> Hinterleib zweistreifig
> in Schilfbeständen

Merkmale Eine große, bis zu 10 mm lange Springspinne mit lang gestrecktem, oberseits zweistreifigem Hinterleib. Die Männchen sind etwas dunkler als die Weibchen. Kopf mit hellem Querstreif unter den Augen. Die Beine sind nicht geringelt.
Vorkommen Auf Ufern von Gewässern, gern im Schilfgürtel. Im Nordosten häufiger als im Süden. Nach der Roten Liste gefährdet.
Wissenswertes Das auffällige Wohngespinst wird in zusammengezogenen und versponnenen, vorjährigen Schilfrispen angelegt. Dort befindet sich auch der Eikokon.

Register

Bildnachweis

Alle Fotos von Heiko Bellmann, mit Ausnahme von 35/3 (Sauer/Hecker)

Mit 153 Farbfotos von Bellmann (152), Sauer/Hecker (1), 4 Schwarzweißzeichnungen von Johannes-Christian Rost/Kosmos, Stuttgart und 7 Piktogrammen von Wolfgang Lang.

Umschlaggestaltung von eStudio Calamar unter Verwendung von einer Aufnahme von Heiko Bellmann (Huschspinne) und zweier Aufnahmen auf der Rückseite (Hausspinne, Gartenkreuzspinne mit Netz) von Heiko Bellmann.

Das Bild auf Seite 2/3 zeigt eine Gartenkreuzspinne (Aufnahme von Heiko Bellmann).

Unser gesamtes lieferbares Programm und viele weitere Informationen zu unseren Büchern, Spielen, Experimentierkästen, DVDs, Autoren und Aktivitäten finden Sie unter www.kosmos.de

FSC

Mix

Produktgruppe aus vorbildlich bewirtschafteten Wäldern und anderen kontrollierten Herkünften

www.fsc.org Zert.-Nr. CQ-COC-000012

© 1996 Forest Stewardship Council

© 2009 Franckh-Kosmos Verlags-GmbH & Co.KG, Stuttgart
Alle Rechte vorbehalten
ISBN-13: 978-3-440-11806-1
Projektleitung: Alke Rockmann
Lektorat, Satz: Barbara Kiesewetter, Redaktionsbüro, München
Produktion: Markus Schärtlein
Grundlayout: eStudio Calamar
Printed in Italy / Imprimé en Italie

Alle wichtigen Arten

Welcher Baum ist das?
978-3-440-11820-7

Welcher Vogel ist das?
978-3-440-11818-4

Welche Spinne ist das?
978-3-440-11806-1

Welche Wildkräuter und Beeren sind das?
978-3-440-11808-5

Jeder Band mit 128 Seiten
Je €/D 4,95; €/A 5,10; sFr 9,90
Preisänderung vorbehalten

978-3-440-10743-0

978-3-440-10745-4

978-3-440-09990-2

www.kosmos.de/natur

auf einen Blick

Welches Sternbild ist das?
978-3-440-11713-2

Welcher Gartenvogel ist das?
978-3-440-11809-2

Welche Tierspur ist das?
978-3-440-11807-8
erscheint Juni 2009

Welcher Pilz ist das?
978-3-440-11819-1
erscheint Juni 2009

978-3-440-10674-7

978-3-440-08219-5

978-3-440-10744-7

KOSMOS

Der Spinnen-Bildband

Paul Hillyard
Faszination Spinnen
160 Seiten, ca. 135 Farbfotos
€ 29,90; €/A 30,80; sFr 53,–
ISBN 978-3-440-11332-5

- Ein faszinierender Bildband über die Spinnen der Welt.
- Außergewöhnliche und einmalige Makroaufnahmen – von haarigen Vogelspinnen bis zu riesigen Spinnenkolonien in Afrika.

KOSMOS

www.kosmos.de/natur

Preisänderung vorbehalten

Körperbau einer Spinne (Kreuzspinne)

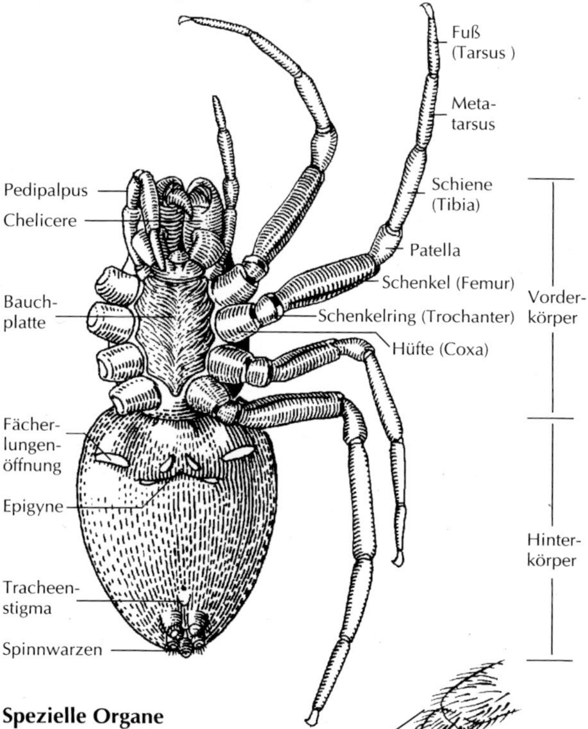

Spezielle Organe einer Kräuselspinne

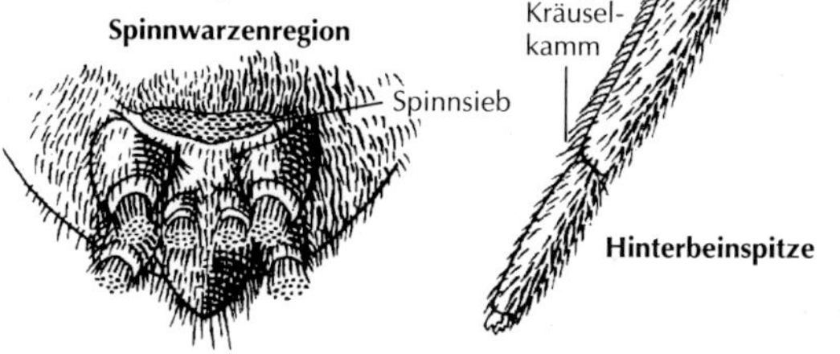

Während die meisten Spinnen ihre Beute mit Hilfe von Klebtröpfchen auf ihren Fangfäden erbeuten, verwenden die sogenannten cribellaten Spinnen hierfür Kräuselfäden, die im Spinnsieb erzeugt und mit dem Kräuselkamm auf die Fangfäden gelegt werden.